全国计算机信息高新技术考试必备
安徽省职业技能鉴定中心指定用书

图形图像处理

TUXING TUXIANG CHULI

（photoshop平台）

教材编写组 编写

安徽省职业技能鉴定中心 主审

《图形图像处理（photoshop平台）》

教材编写组

主 编 吴帮平 段剑伟

副主编 岳华峰 张爱民 刘元生

参 编 沙有闯 陈翠红 翟梅梅

吕文官 孙荣会

时代出版传媒股份有限公司

安徽科学技术出版社

图书在版编目(CIP)数据

图形图像处理:Photoshop 平台/吴帮平,段剑伟主编.—合肥:安徽科学技术出版社,2010.9
ISBN 978-7-5337-4638-4

Ⅰ.①图… Ⅱ.①吴…②段 Ⅲ.①图形软件,Photoshop-水平考试-教材 Ⅳ.①TP391.41

中国版本图书馆 CIP 数据核字(2010)第 073419 号

图形图像处理:Photoshop 平台 吴帮平 段剑伟 主编

出 版 人:黄和平 选题策划:期源萍 责任编辑:期源萍
责任校对:程 苗 责任印制:李伦洲 封面设计:王 艳
出版发行:时代出版传媒股份有限公司 http://www.press-mart.com
安徽科学技术出版社 http://www.ahstp.net
(合肥市政务文化新区圣泉路 1118 号出版传媒广场,邮编:230071)
电话:(0551)3533330
印 制:合肥义兴印务有限责任公司 电话:(0551)3355286
(如发现印装质量问题,影响阅读,请与印刷厂商联系调换)

开本:787×1092 1/16 印张:11.75 字数:278 千
版次:2010 年 9 月第 1 版 2010 年 9 月第 1 次印刷

ISBN 978-7-5337-4638-4 定价:24.00 元

前　言

全国计算机信息高新技术考试是人力资源和社会保障部为适应社会发展和科技进步的需要，提高劳动力素质和促进就业，加强计算机信息高新技术领域新职业、新工种职业技能鉴定工作而由职业技能鉴定中心组织实施的社会化职业技能鉴定考试。为配合这一工作的顺利进行，安徽省人力资源和社会保障厅职业技能鉴定中心结合地方实际情况，组织编写了《全国计算机信息高新技术考试必备》系列丛书，第一批计4本：《办公软件应用》《图形图像处理(Photoshop平台)》《计算机辅助设计(AutoCAD平台)》和《微型计算机安装调试与维修》。

根据职业技能鉴定要求和劳动力市场化管理的需要，职业技能鉴定必须做到操作直观、项目明确、能力确定、水平相当且可操作性强。因此，全国计算机信息高新技术考试采用了一种新型的、国际通用的专项职业技能鉴定方式，根据计算机不同应用领域的特征，划分了模块和平台，各平台按等级分别独立进行考试，应试者可根据自己工作岗位的需要，选择考核模块和参加培训。我们这套培训教材，按中级考核标准设计理论知识，并精选同一程度的操作题供读者训练，以帮助读者顺利通过鉴定考核。

全国计算机信息高新技术考试特别强调规范性，安徽省职业技能鉴定中心根据“统一命题，统一考务管理，统一考评员资格，统一培训考核机构条件标准，统一颁发证书”的原则进行质量管理。每一个考试模块都制定了相应的鉴定标准和考试大纲，各地区进行培训和考试都执行统一的标准和大纲，并使用统一教材，以避免“因人而异”的随意性，从而使证书获得者的水平具有等价性。

《图形图像处理(Photoshop平台)》共分两篇，上篇为基础知识，共9章，每章后均附有实际的操作案例，主要内容有：Photoshop基础知识、图形绘制、色彩模式、图层通道、特效滤镜、Web图片制作等。下篇为试题精选。这样，通过事先大量的练习，达到使考生既通过考试，又熟练掌握计算机应用技能的目的。

本书实例源文件、试题素材可上安徽科学技术出版社网站(www.ahstp.net)或安徽省职业技能鉴定工作网(www.ahosta.gov.cn)osta认证获得。

本教材可作为计算机系统操作员职业技能培训与鉴定考核教材，也可供中、高等职业技术院校相关专业师生以及相关专业人员参加岗位培训、就业培训使用。

由于编者水平有限，书中难免有错漏之处，恳请广大读者谅解和指正，以便修订时改正。

教材编写组
安徽省职业技能鉴定中心

目　录

上篇　基础知识

下篇 试题精选

上　篇

基础知识

第一章　初识 Photoshop

Photoshop 是 Adobe 公司的数字图像编辑软件，具有强大的图像编辑的创意空间，通过它可以创作神奇、迷人的平面设计艺术作品。Photoshop CS2 可以创作出既适于印刷亦可用于 Web 或其他介质的精美图像，还提供了与 Adobe 其他应用程序一致的工作环境。

Photoshop 支持大量图像格式，包括 PSD、EPS、TIFF、JPEG、GIF、PCX、PDF 和 BMP。

Photoshop 可使用包括选框工具、套索工具等快速确定对象，进行修改、编辑等操作；可运用包括图像色阶、饱和度、亮度和对比度等调整命令，简单快捷校正数码图像色彩、修饰图像；可以使用绘画工具进行绘画色彩涂抹等创作像素图像，也可以使用绘图工具绘制矢量图形。

Photoshop 更加完善了图层、通道和蒙版功能，用户通过图层、通道操作能方便地对各个图层对象和色彩进行编辑。其滤镜特效功能是最奇妙的，共有 100 多种各具特色的滤镜。

第一节　Photoshop CS2 界面

启动 Photoshop CS2 打开图像文件，将会显示如图 1－1 所示的窗口，窗口内容包括菜单栏、工具选项栏、工具箱、状态栏、工作图像窗口、工作调板等。

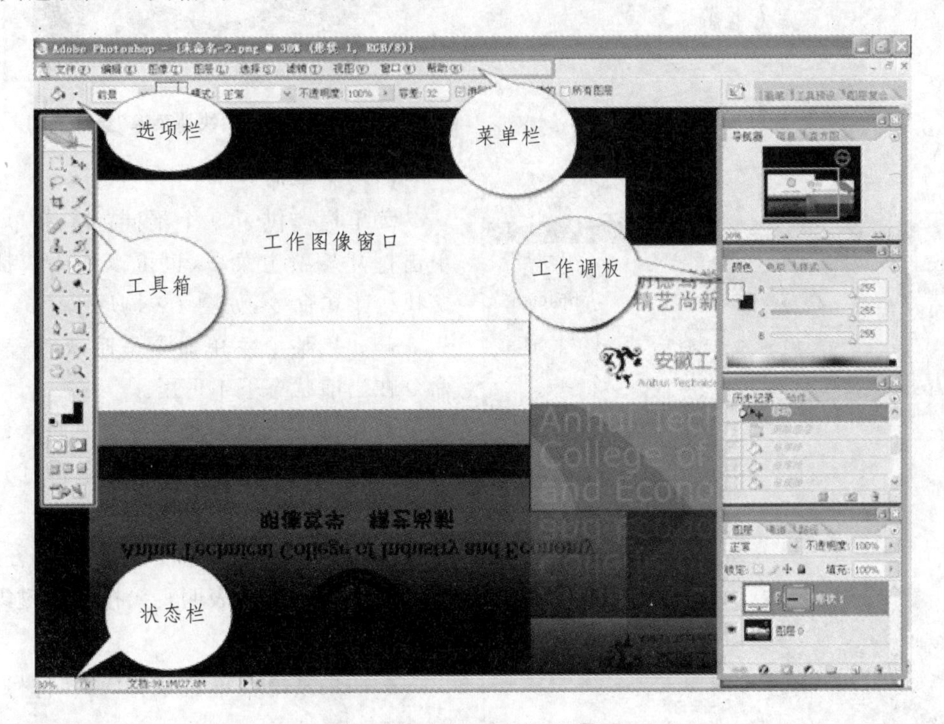

图 1－1　Photoshop CS2 界面

Photoshop CS2 工作界面由以下几部分组成：

◆ 菜单栏:共有 9 个主菜单,按照主题进行组织排列。

◆ 工具选项栏:用于显示各种工具参数设置,随着工具的改变而相应变化。

◆ 工具箱:包括各种选择、绘画、修饰、绘图格辅助类等工具。

◆ 工作图像窗口:图像显示区域,用于显示编辑和修改的图像效果。标题栏右端为最小化、还原、最大化和关闭按钮,分别用于缩小、还原、放大和关闭窗口。

◆ 工作调板:用于配合图像编辑各功能设置,每个调板可以相互切换、分离、组合。

在工具箱下方有三个屏幕模式切换按钮,如图 1-2 所示,分别为标准屏幕模式、带有菜单栏的全屏模式和全屏模式。按"F"键可在这三种模式之间切换,按"Tab"键也可显示或隐藏所有的工作调板和工具栏、选项栏等。

在 Photoshop 中右键快捷菜单的使用能提高用户的工作效率,如有些命令在不需要调用菜单的前提下就可在弹出的快捷菜单中选取。在图像窗口中单击右键会弹出相应的快捷菜单,如图 1-3 所示。

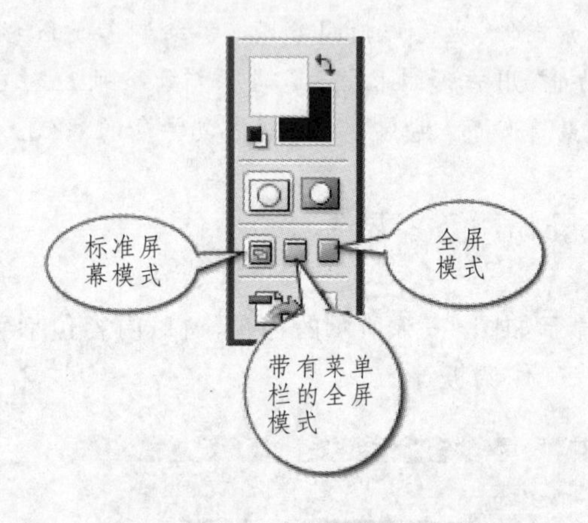

图 1-2　屏幕模式

图 1-3　"快捷菜单"选项窗口

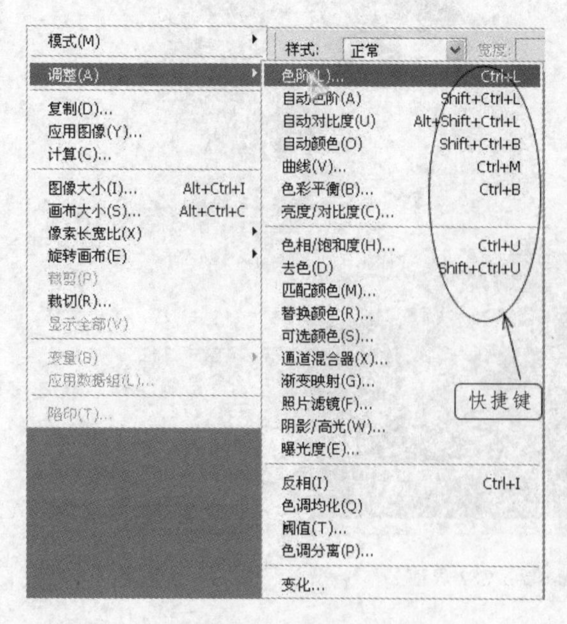

图 1-4　菜单命令

(一)菜单命令

菜单栏提供了 9 个不同的主菜单,可以单击打开某项主菜单,也可以使用快捷键直接执行菜单命令,如图 1-4 所示。

◆ 如果某个菜单命令呈暗灰色,表明该命令在当前状态下不可用。

◆ 如果某个菜单命令带"…"符号(例如:"编辑"|"填充…"),表明该命令将打开设置对话框。

◆ 如果某个菜单命令带快捷键方式(例如:拷贝 Ctrl+C),表明直接按快捷键即可执行命令。

◆ 如果某个菜单命令有"▶"符号,表明此命令含子菜单。

(二)工具箱

第一次启动 Photoshop 时，工具箱会出现在屏幕左侧，如图 1-5 所示。工具图标右下角符号“◢”表示还有未完全显示的工具。各个工具参数显示在菜单栏下方的工具选项栏中。

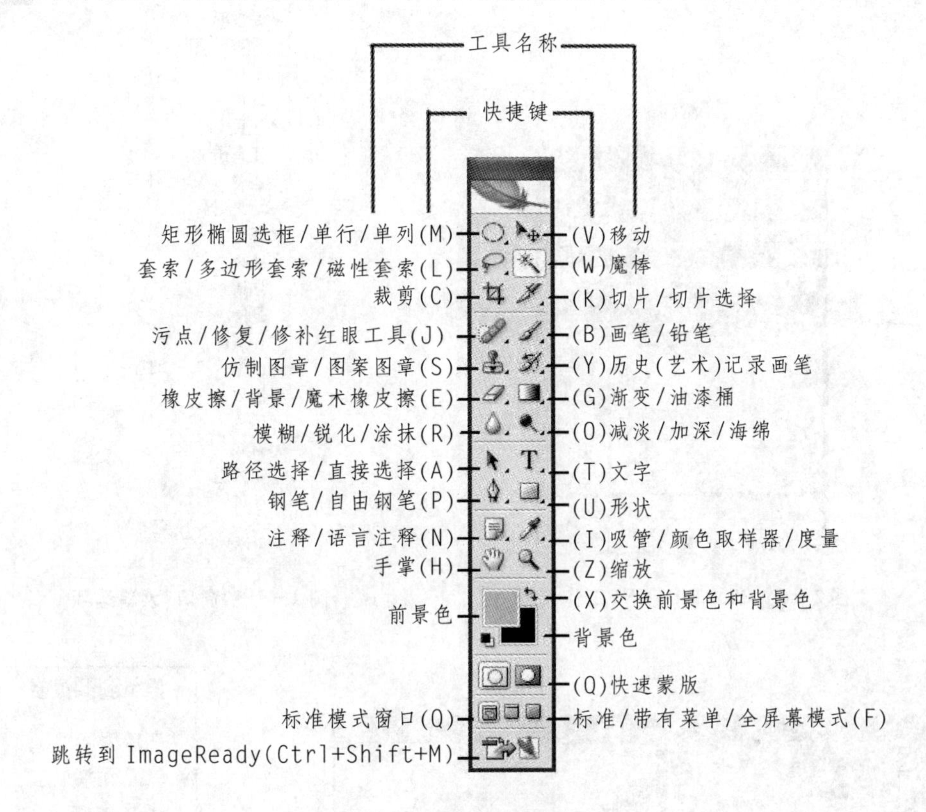

图 1-5　“工具箱”选项

大多数工具光标形状与工具图标匹配，但规则选框工具光标在默认情况下显示为十字线(┼)、文本工具(⌶)，绘画工具默认为画笔大小图标(◯)。

每个默认光标具有不同的起点，图像编辑和操作从起点开始。对于移动工具(▸✥)、注释工具(▤)和文字工具(T)以外的其他所有工具，可切换到精确光标(┼)状态起点。

(三)工作调板

Photoshop CS2 中共有近 20 个调板，不同的调板控制图像监视和编辑功能。默认情况下，调板以组的方式堆叠，如图 1-6 所示。所有调板显示或隐藏可通过“窗口”菜单控制，如图 1-7 所示。

1. 组合/关闭调板

拖动调板标签至另外一个调板组内，使其从原组合内分离组成新的调板组合，如图 1-8 所示。

单击调板右上角菜单按钮(▶)，选择“停放到调板窗”，关闭当前调板窗口，如图 1-9 所示；也可以单击关闭按钮(✖)关闭整组调板。

把光标放在调板的任一角处呈斜向箭头时拖动，信息调板、颜色调板、字符及段落调板不可更改其大小。

选取"窗口"|"工作区"|"复位调板位置"。

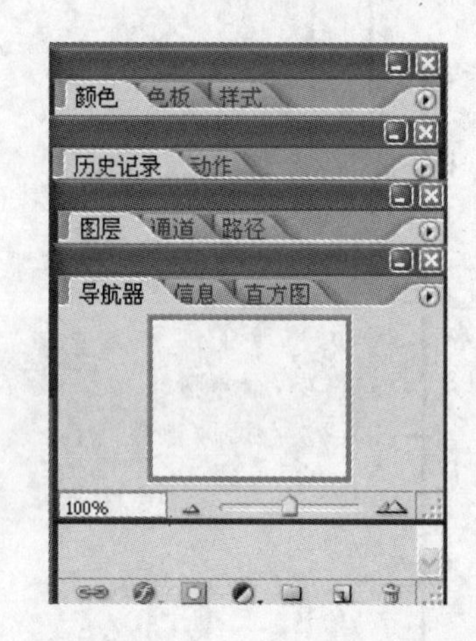

图 1-6 Photoshop CS2 工作调板

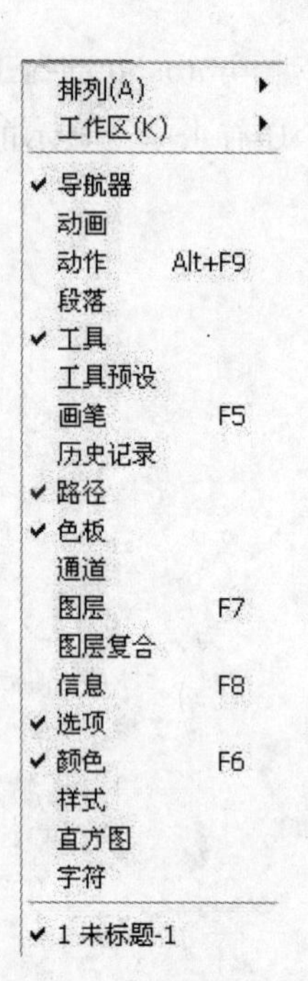

图 1-7 "窗口"菜单选项

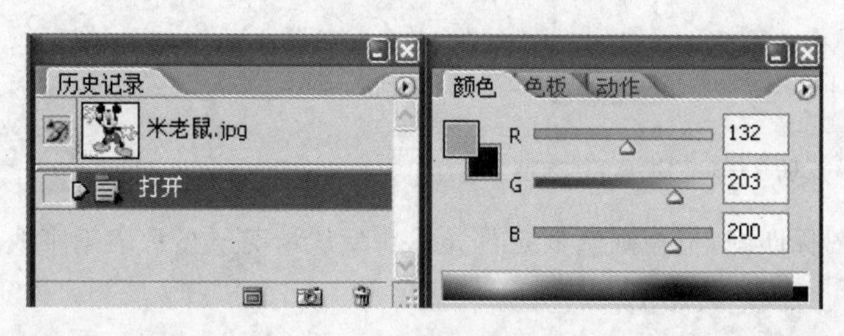

图 1-8 组合调板

图 1-9 调板菜单

2. 自定义工作区

Photoshop 可以存储调板和对话框的位置或将多个版面存储为不同的工作区,以便推出应用程序后下次再次调用。

选取"窗口"|"工作区"|"存储工作区",为工作区输入名称并单击"存储",如图 1-10 所示。

选取"窗口"|"工作区",单击名称可调用工作区,如图 1-11 所示。

选取"窗口"|"工作区"|"删除工作区",可删除工作区设置。

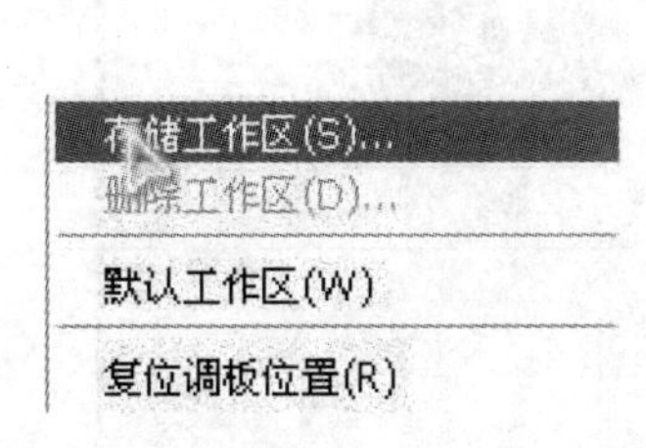

图 1－10　“存储工作区”窗口

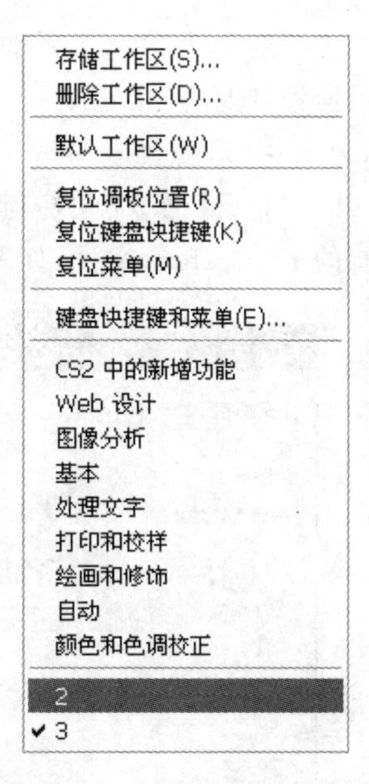

图 1－11　“调用工作区”窗口

第二节　Photoshop 文件操作

(一)文件管理

使用 Photoshop 进行图像管理处理有多种方式:可以在一个新建的空白图像中绘制;也可以打开一个素材图像,在原有的基础上进行编辑修改;还可以利用扫描仪、数码相机等输入设备来导入图像,并对图像进行特效处理,从而创造出富有创意的图像效果。所有这些工作方式,都建立在掌握文件管理方法的基础之上。在 Photoshop 中,文件管理主要包括新建、打开及存储等操作。

1. 新建文件

无论什么软件,新建文件都是初学者首先要接触的基本操作,方法是执行“文件”|“新建”命令(快捷键 Ctrl＋N),打开“新建”对话框,如图 1－12 所示。在该对话框中可以设置新文件的大小、颜色模式以及背景图层等选项。

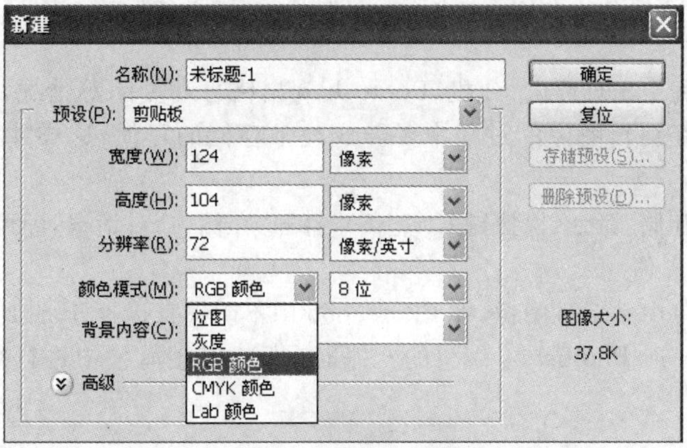

图 1－12　“新建”对话框

2. 打开文件

在进行平面设计时,经常需要对素材图片进行编辑或调整颜色,此时要先将此文件打开,载入到 Photoshop 中。在 Photoshop 中,要打开图像文件,可以使用多种方式。

执行“文件”|“打开”命令(快捷键 Ctrl+O),打开“打开”对话框,从中选择素材库里面的图像或者已有的 Photoshop 文件,如图 1-13 所示,单击“打开”按钮。

图 1-13 “打开”对话框

技巧:在 Photoshop 工作区域内双击鼠标也可以打开“打开”对话框。

Photoshop 支持多种格式的图片,比如 PSD、PNG、TIFF、GIF 和 EPS 等。在“打开”对话框中,可以在文件类型下拉框列表中选择要打开文件的格式,此时对话框中只显示符合格式要求的文件,如图 1-14 所示。

3. 存储文件

如果在绘图过程中出现停电、死机、Photoshop 出错自动关闭等情况,都会导致未存储文件信息丢失。因此在编辑图像的过程中要养成经常存储的习惯,这样才能够避免不必要的麻烦。

执行“文件”|“存储”命令(快捷键 Ctrl+S),打开“存储为”对话框,即可。

4. 导入和导出文件

如果在其他软件中编辑过图像,在 Photoshop 中不能够直接打开,此时可以将该图像通过“导入”命令导入。有时 Photoshop 编辑的文件也需要在其他软件中进行编辑,此时就需要将文件导出。

1)导入文件

执行“文件”|“导入”菜单项,可以将一些从输入设备上得到的图像文件或者 PDF 格式的

图 1-14　打开指定格式的图像

文件直接导入到 Photoshop 的工作区内。

2)导出文件

执行“文件”|“导出”|“路径到 Illustrator”命令，打开“导出路径”对话框。选择存储文件的位置，在“文件名”文本框里面输入要存储的文件名称，然后单击“保存”按钮即可将导出的文件保存为 AI 格式，如图 1-15 所示。

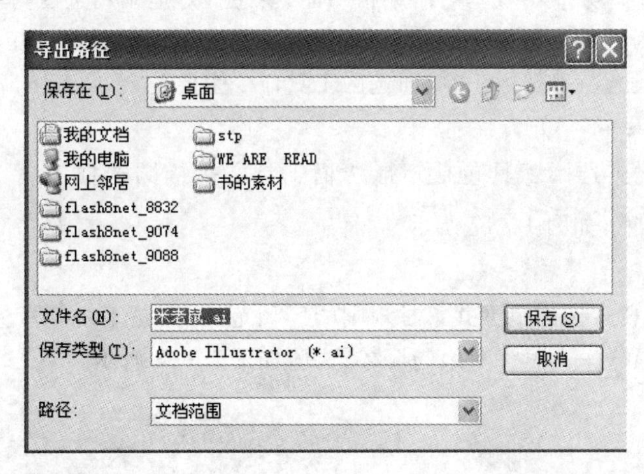

图 1-15　将文件导出

(二)置入图像

在 Photoshop 中，常见的图像格式可以通过“打开”命令打开，如果遇到特殊的图像格式比如矢量格式的图像等，则需要通过“置入”命令打开。

可以通过“置入”命令将矢量图(比如 Illustrator 软件制作的.AI 图形文件)插入到 Photoshop 中当前打开的文档内使用。方法是：在 Photoshop 中新建一个空白文档，执行“文件”|“置入”命令，打开“置入”对话框，即可。

在“置入”对话框中单击“置入”按钮。此时,文档中会显示一个浮动的对象控制框,用户可以更改它的位置、大小和方向。完成调整后在框线内双击或按回车键确认插入,如图 1-16 所示。

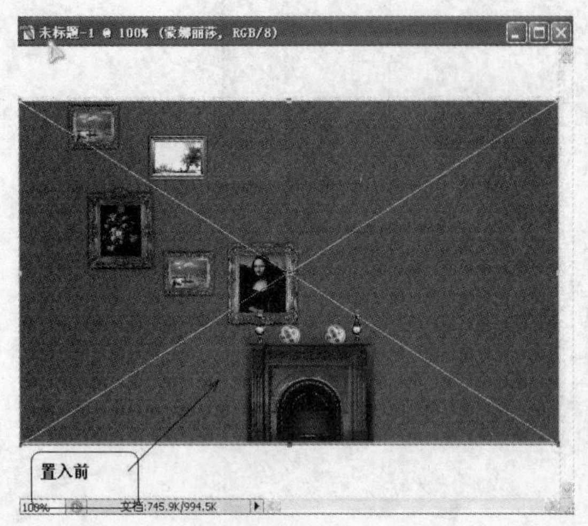

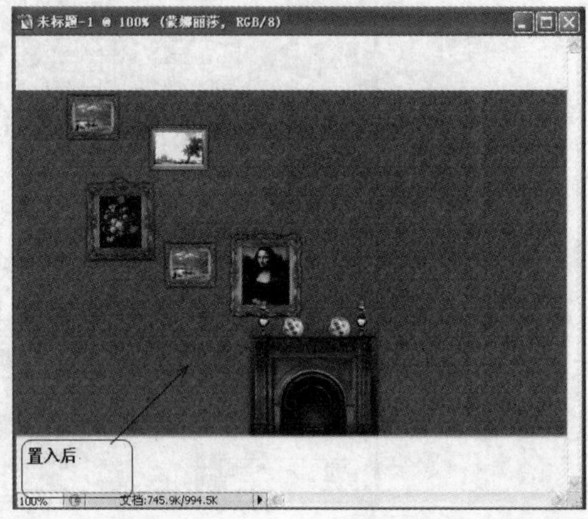

图 1-16　置入前后的效果对比

第三节　Photoshop 中选区的操作

(一)创建选区

创建选区是 Photoshop 中最基本的编辑功能,要想很好地利用选区,首先要根据各种要求创建适合的选区。为了满足不同的要求,Photoshop 提供了不同的选区工具与命令。选区工具包括规则选区工具与特殊选区工具,而选区工具命令主要是“色彩范围”命令。

1. 规则选区工具

Photoshop 中规则选区工具包括矩形选框工具、椭圆选框工具、单行选框工具、单列选框工具,如图 1-17 所示。

2. 特殊选区工具

在多数情况下,要选区的范围并不是规则的区域范围,而是不规则区域,这时需要使用创建不规则区域的工具——套索工具组与魔棒工具,如图 1-18 所示。

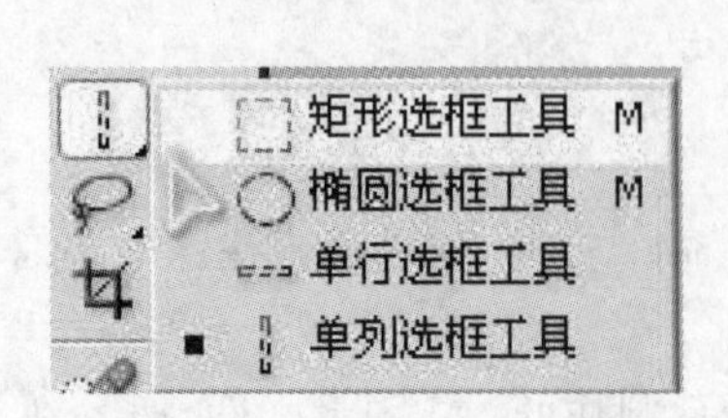

图 1-17　“规则选区工具”选项

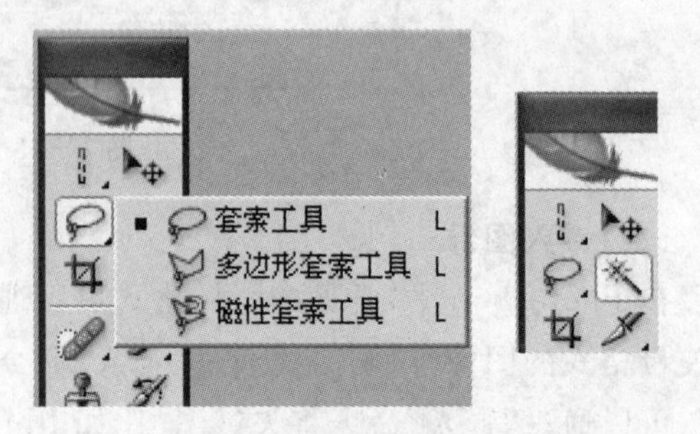

图 1-18　“特殊选区工具”选项

3. 色彩范围命令

Photoshop 在“选择”菜单中设置了“色彩范围”命令来创建选区。该命令与“魔棒工具”类似,都是根据颜色范围创建选区。执行“选择”|“色彩范围”命令,打开如图 1－19 所示对话框。

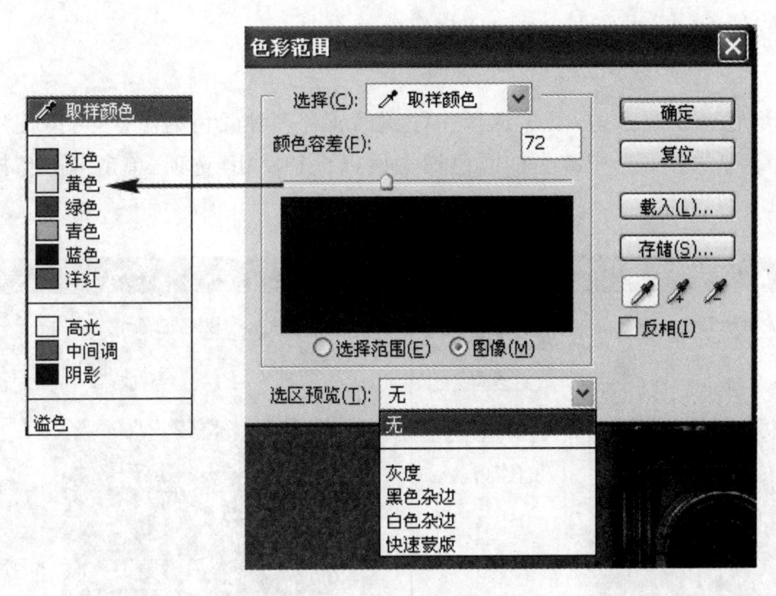

图 1－19　“色彩范围”对话框

1)选区颜色

在“色彩范围”对话框中,使用“取样颜色”选项可以选取图像中的任何颜色。在默认情况下,使用“吸管工具”在图像窗口中单击选取一种颜色范围,单击“确定”按钮后,显示该范围选区,如图 1－20 所示。

图 1－20　使用默认选项创建选区颜色

2)颜色容差

“色彩范围”对话框中的“颜色容差”与“魔棒工具”中的“容差”相同,均是选区颜色范围的误差值,数值越小,选区的颜色范围就越小。

3)添加与减去颜色数量

“颜色容差”选项更改的是某一颜色像素的范围,而对话框中的“添加到取样”与“从取样中减去”用于增加或者减少不同的颜色像素。

4)反相

当图像的颜色范围复杂时,要想选择一种颜色或者多种颜色的像素,可以使用“颜色范围”命令。在该命令对话框中选中减少的颜色像素后,启用“反相”选项,单击“确定”按钮后得到反相选区,如图 1-21 所示。

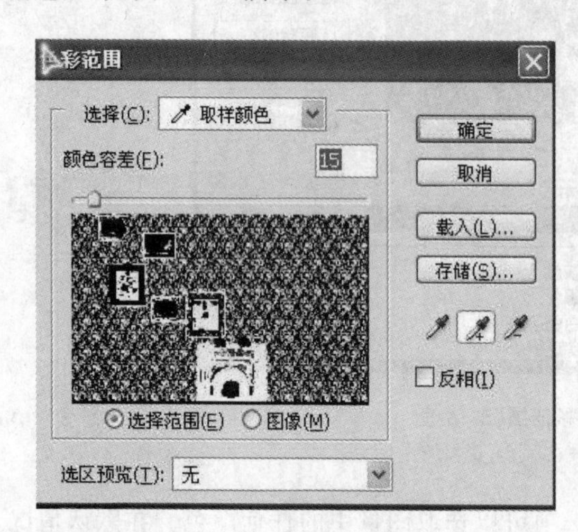

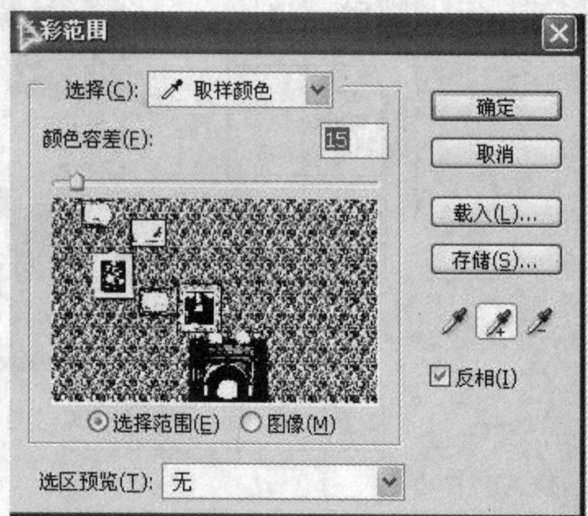

图 1-21 启用“反相”选项得到的选区颜色

5)保存与载入

当在“色彩范围”对话框中选中选区颜色范围后,可以将其保存。单击对话框中的“存储”按钮,将颜色范围以及相关参数值,以.AXT 格式加以保存,如图 1-22 所示。

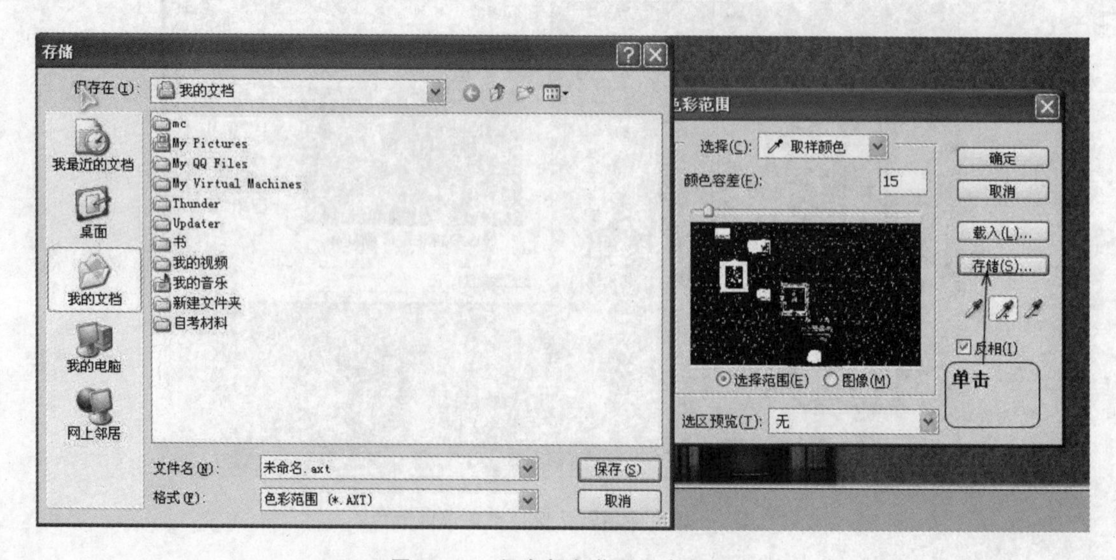

图 1-22 保存颜色范围及参数值

可以在不同的阶段重新选择该颜色范围,方法是单击“载入”按钮,选择保存的数据即可,如图 1－23 所示。

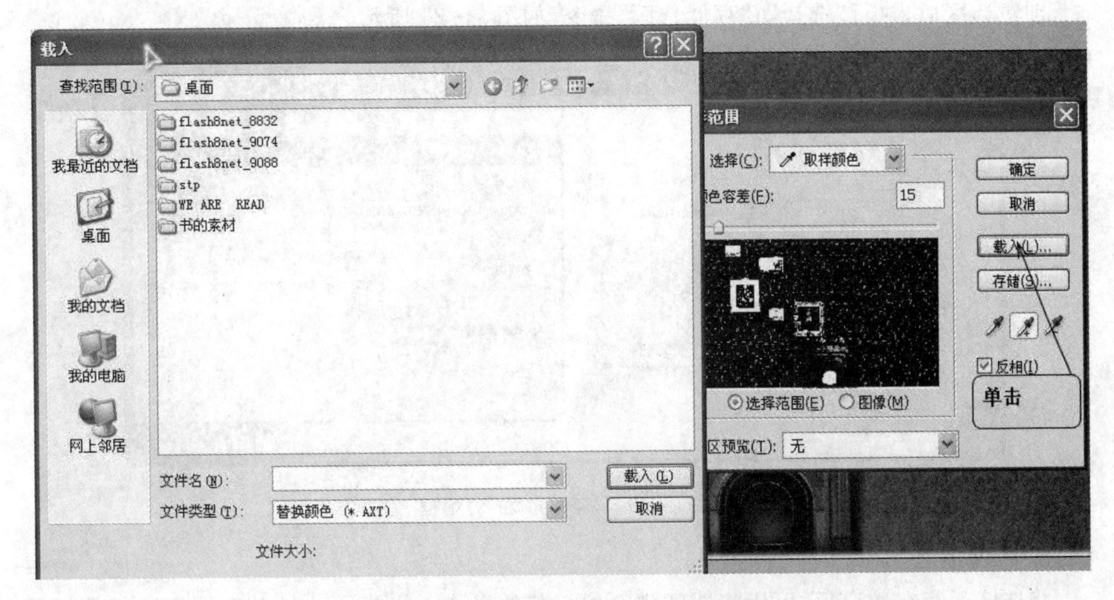

图 1－23　载入现有的颜色范围及参数值

(二)选区基本操作

了解如何使用不同的工具创建不同的选区后，还必须了解关于选区的简单操作，例如，如何移动选区或者选区内的图像，以及如何保存与再次载入选区等操作。

1. 选择方式

当已经在图像中创建选区后，要想选择该项选区以外的像素，可以执行“选择”|“反相”命令(快捷键 Ctrl＋Shift＋I)，如图 1－24 所示。该命令与“色彩范围”中的“反相”选项相似。

图 1－24　反相选区

不同形状选区可以使用不同选区工具来创建，要是以整个图像或者画布区域建立选区，那么可以执行“选择”|“全选”命令(快捷键 Ctrl＋A)；执行“选择”|“取消选择”命令(快捷键 Ctrl＋D)删除选区；要想隐藏选区而不删除，可以执行“视图”|“显示额外内容”命令(快捷键 Ctrl＋H)，重新显示选区时再次执行该命令即可。

2. 移动选区

当创建选区后，可以随意移动选区以调整选区位置，移动选区不会影响图像本身的效果。使用鼠标移动选区是最常用的方法。操作方法是，确保当前选择了选择工具，将鼠标指向选区内，单击左键拖动即可。

(三)存储与载入选区

创建一个较为精确的选区往往需要花费很长时间才能完成。在创建选区后，可以将其保存起来，以便在需要时载入重新使用，提高工作效率。

1. 保存选区

创建选区后,执行"选择"|"存储选区"命令,如图 1-25 所示。

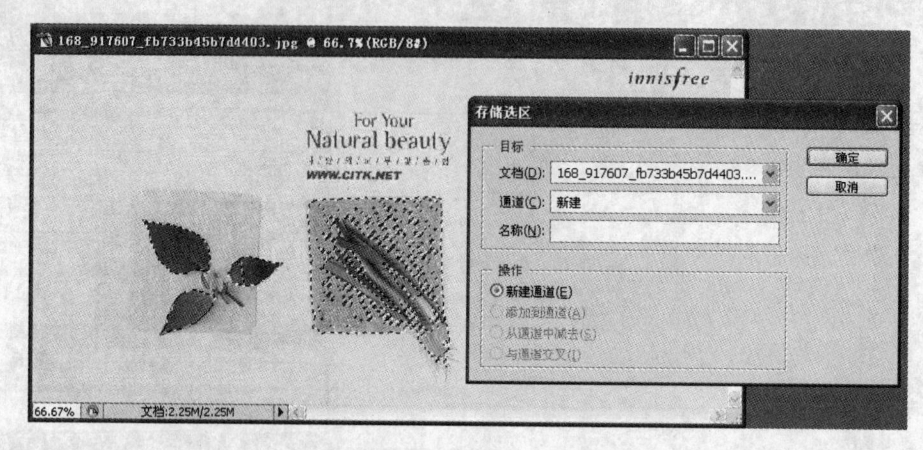

图 1-25 "存储选区"对话框

2. 载入选区

将选区保存在通道后,可以将选区删除进行其他操作。当想再次借助该选区进行其他操作时,执行"选择"|"载入选区"命令,打开如图 1-26 所示的对话框,在"通道"选项中选择指定通道名称即可。该对话框中的选项及功能见表 1-1。

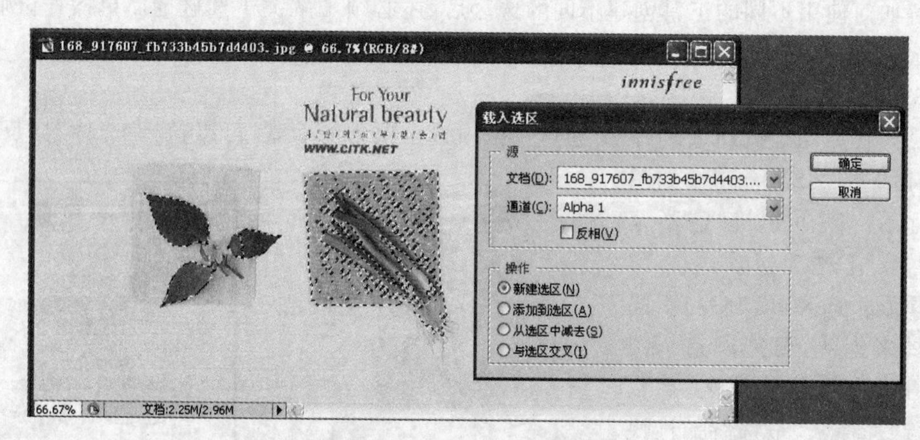

图 1-26 "载入选区"对话框

表 1-1 "载入选区"对话框中的选项及功能

选项	功 能
文档	选择已保存选区的图像文件名称
通道	选择已保存为通道的选区名称
反相	启动该选项,载入选区将反选选区外的图像。相当于载入选区后执行"选择"|"反相"命令
新选区	在图像窗口中没有其他选区时,只有该选项可用,用于为图像载入所选选区
添加到选区	当图像窗口中存在选区时,启动该选项可以将载入的选区添加到图像原有的选区中生成新的选区
从选区中减去	当图像窗口中存在选区时,启用该选项可以将载入的选区与图像原有的选区相交副本删除,生成新的选区
与选区交叉	当图像窗口中存在选区时,启用该选项可以将载入的选区与图像原有的选区相交副本以外的区域删除,生成新的选区

3. 编辑选区

遇到较为复杂的图像时，使用选区工具与命令有时无法一次性创建选区，这时就需要对创建的选区进行编辑，例如添加或者减去选区范围、更改选区的形状，以及在现有的选区基础上进行其他操作等。

4. 选区范围

要创建的选区，并不都是可以一次性创建成功的，有时需要在现有选区的基础上添加其他选区，有时需要减去现有部分选区等。这时就需要运用选区工具项中的“运算模式”选项，如图 1-27 所示。Photoshop 中绝大多数创建选区工具选项栏中均有“运算模式”选项，在创建默认情况下，“运算模式”选项为“新选区”。

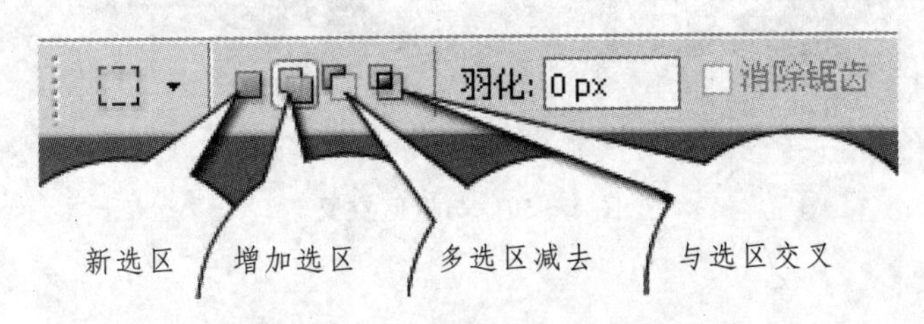

图 1-27 选区工具的“运算模式”选项

1)添加到选区

当创建一个选区后，在选区工具的选项栏中启用“添加到选区”，接着创建选区。如果两个选区合并为一个选区，如图 1-28 所示，是因为“添加到选区”选项生成的选区是新建选区与原有选区的合集。

图 1-28 添加到选区

2)从选区中减去

要想从一个现有的选区中删除部分选区，那么可以在画布中存在一个选区时启用“从选区中减去”。在该选区中单击并拖动鼠标绘制另外一个选区，完成后释放鼠标，会发现原有选区中的重叠部分删除，如图 1-29 所示。

图 1-29 从选区中减去

3)与选区交叉

“与选区交叉”选项栏虽然也是从选区中删除部分选区，但是与“从选区中减去”选项使用的效果不同。启用该选项后，在原有选区中单击并拖动鼠标绘制另一个选区，完成后释放鼠标，会发现原有选区中的重叠部分被保留，其他部分被删除，如图 1-30 所示。

图 1-30　与选区交叉

5. 选区变形

创建选区后，执行“选择”|“变换选区”命令，或者在选区内部单击右键，选择“变换选区”命令，会在选区的四周出现自由变形调整框，并在工具选项栏中出现对应的选项。

图 1-31　对选区移动、缩小与旋转

执行“变换选区”命令后，除了可以移动选区外，还可以对选区缩小与放大，或者旋转选区，如图 1-31 所示。

6. 选区修改

在“选择”|“修改”命令中，有一组子命令是专门对画框进行细致调整的。该命令包括边界“平滑”、“扩展”、“收缩”、“羽化”。

◆ 边界命令

边界命令可以将区域转换为线条选区。在画布中存在选区时，执行“选择”|“修改”|“边界”命令，打开后如图 1-32 所示。其中的“宽度”选项自己设定大小。

执行“边界”命令后，区域选区生成具有一定宽度的线条选区，该选区带有一定的羽化效果，如图 1-33 所示。

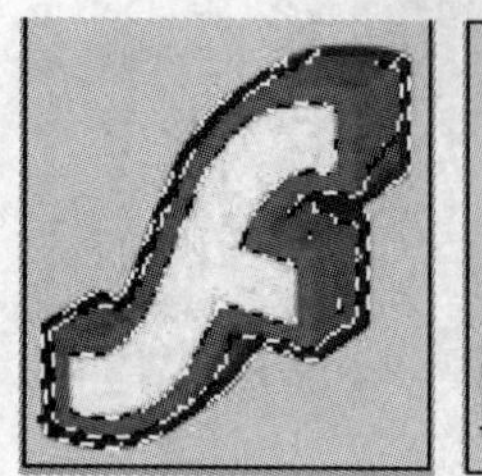
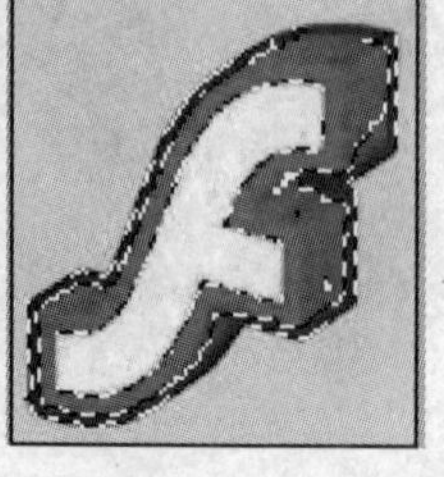

图 1-32　将区域选区转换为线条选区

图 1-33　线条选区效果

◆ 平滑命令

当遇到带有尖角的选区时，为了使尖角圆滑，可以执行“选择”|“修改”|“平滑”命令。在打开的“平滑选区”对话框中，设置“取消半径”的数值越大，选区转角处越平滑。如图 1-34 所示，使用“平滑”命令之后的选区拐角处变得平滑。

◆ 扩展命令

要想在原有选区的基础上向四周扩大，除了使用“变形选区”命令外，还可以执行“选择”|“修改”|“扩展”命令。在打开的对话框中，“扩展量”选项数值越大，选区越大，如图 1-35 所示。

图 1-34 平滑选区

图 1-35 扩大选区

◆ 收缩命令

既然有扩大选区的命令，也就有缩小选区的命令。执行“选择”|“修改”|“收缩”命令，会在原有选区的基础上，根据“收缩量”数值的大小执行缩小，如图 1-36 所示。

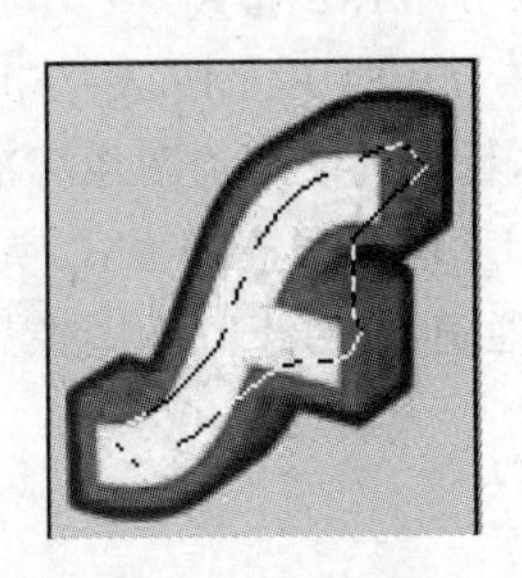

图 1-36 收缩选区

◆ 羽化命令

羽化将选区边缘生成由选区中心向外渐变的半透明效果，以模糊选区的边缘。在正常情况下建立选区，其羽化值为 0 像素，要想将选区羽化，执行“选择”|“修改”|“羽化”命令，在 0～255 像素设置羽化半径，即可。

第四节 Photoshop 中的图像文件格式及其特点

(一)Photoshop 中的图像文件格式

图像文件格式可将图像文件以不同方式进行保存。Photoshop 支持几十种图像文件格式，因此能很好地支持多种应用程序。在 Photoshop 中，常见的格式有 PSD、BMP、PDF、JPEG、GIF、TGA、TIFF 等。

1. PSD 格式

PSD 格式是 Photoshop 的固有格式，PSD 格式可以比其他格式更快速地打开和保存图像，很好地保存层、通道、路径、蒙版以及压缩方案不会导致数据丢失等。但是，很少有应用程序能够支持这种格式。

2. BMP 格式

BMP(Windows Bitmap)格式是微软开发的 Microsoft Pain 的固有格式，这种格式被大多数软件所支持。BMP 格式采用了一种叫 RLE 的无损压缩方式，对图像质量不会产生什么影响。

3. PDF 格式

PDF(Portable Document Format)是由 Adobe Systems 创建的一种文件格式,允许在屏幕上查看电子文档。PDF 文件还可被嵌入到 Web 的 HTML 文档中。

4. JPEG 格式

JPEG(由 Joint Photographic Experts Group 缩写而成,意为联合图形专家组)是我们平时最常用的图像格式。它是一个最有效、最基本的有损压缩格式,被极大多数的图形处理软件所支持。JPEG 格式的图像还广泛用于网页的制作。如果对图像质量要求不高,但又要求存储大量图片,使用 JPEG 无疑是一个好办法。但是,对于要求进行图像输出打印的,最好不使用 JPEG 格式,因为它是以损坏图像质量而提高压缩质量的。

5. GIF 格式

GIF 格式是输出图像到网页最常采用的格式。GIF 采用 LZW 压缩,限定在 256 色以内的色彩。GIF 格式以 87a 和 89a 两种代码表示。GIF87a 严格支持不透明像素,而 GIF89a 可以控制那些区域透明,因此,更大地缩小了 GIF 的尺寸。如果要使用 GIF 格式,就必须转换成索引色模式(Indexed Color),使色彩数目转为 256 或更少。

6. TGA 格式

TGA(Targa)格式是计算机上应用最广泛的图像文件格式,它支持 32 位格式。

7. TIFF 格式

TIFF(Tag Image File Format,意为有标签的图像文件格式)是 Aldus 在 Mac 初期开发的,目的是使扫描图像标准化。它是跨越 Mac 与 PC 平台最广泛的图像打印格式。TIFF 使用 LZW 无损压缩方式,大大减少了图像尺寸。另外,TIFF 格式最令人激动的功能是可以保存通道,这对于处理图像是非常有好处的。

第二章 绘图与文字

第一节 绘图工具

(一)画笔工具和铅笔工具

画笔工具和铅笔工具可用于图像的绘制,画笔工具创建颜色的柔描边,铅笔工具创建硬边直线。具体操作步骤如下:

(1)在使用画笔工具和铅笔工具之前,应选取前景色。

(2)从工具箱中选择"画笔工具"或"铅笔工具"。

(3)在选项栏中设置工具选项。

单击工具或工具按钮,出现"画笔工具"或"铅笔工具"选项栏,接着可从"画笔预设"选取器中选取一种画笔,并设置画笔选项,如图 2-1 所示。

(4)从"模式"下拉列表中选取一种混合模式。

(5)通过拖移"不透明度"滑块来指定不透明度。

(6)设置画笔调板,可用于选择预设画笔和设计自定义画笔。如图 2-2 所示,在该调板中设置参数。

(7)设置完前面的选项后,就可以进行绘制了。

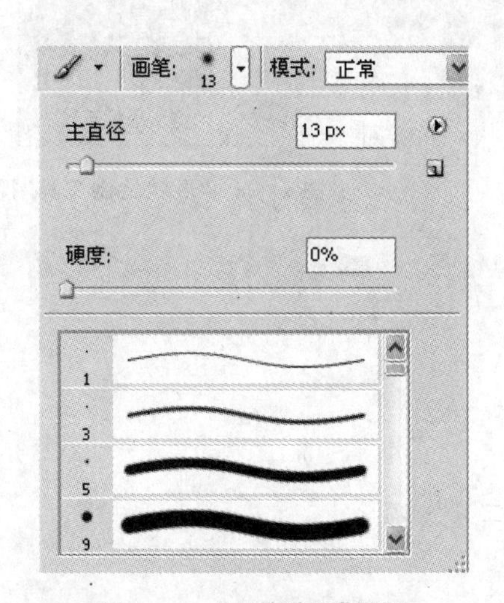

图 2-1 "画笔选项"视图

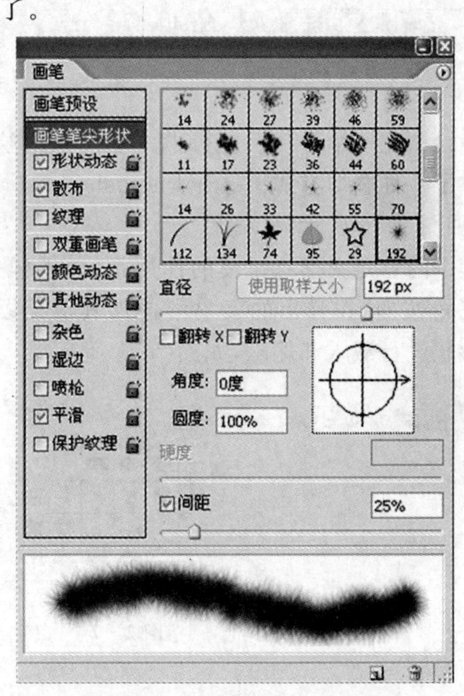

图 2-2 "画笔设置"选项及参数

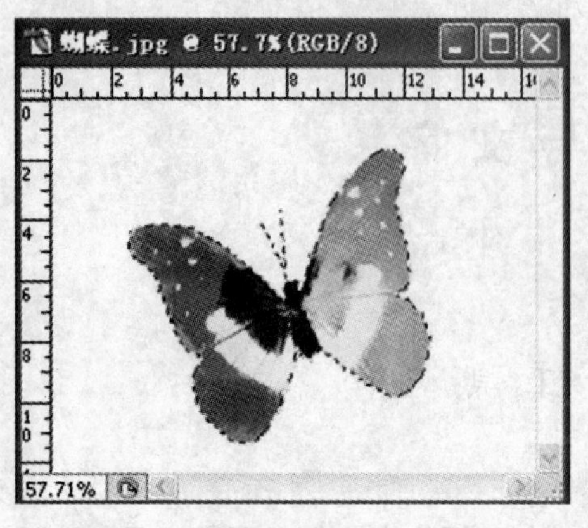

图 2-3 “自定义画笔”的设置

(二)自定义画笔工具

在绘图过程中,为了使用方便,有时还需要使用自定义画笔。自定义画笔的设置过程如下:

(1)使用任何选区工具,在图像中选择要用作自定义画笔的部分,如图 2-3 所示。(画笔形状的大小最大可达 2500×2500 像素。如果想创建有锐利边缘的画笔,则应将“羽化”值设为“0 像素”。)

(2)执行“编辑”|“定义画笔预设”命令。

(3)为画笔命名,然后单击“确定”按钮,如图 2-4 所示。

(4)定义好画笔后,就可以选择工具箱中的“画笔工具”进行需要的图像绘制了。

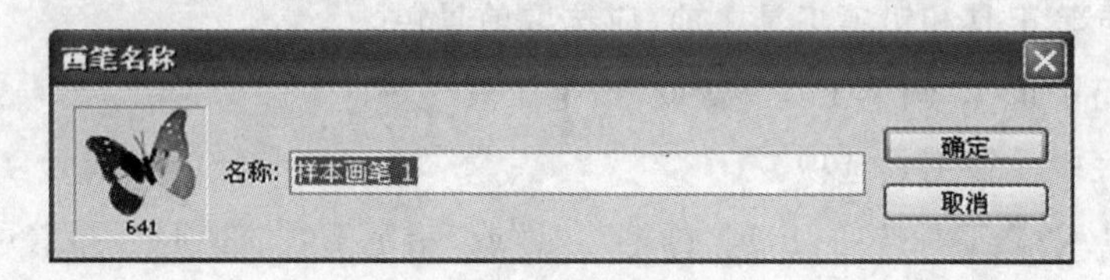

图 2-4 “画笔名称”视图

(三)形状工具

使用形状工具可以绘制简单的几何形状。右键单击工具箱上的“矩形工具”  按钮,选择“矩形工具”后,在工具选项栏中就会出现该工具的相关选项,如图 2-5 所示。

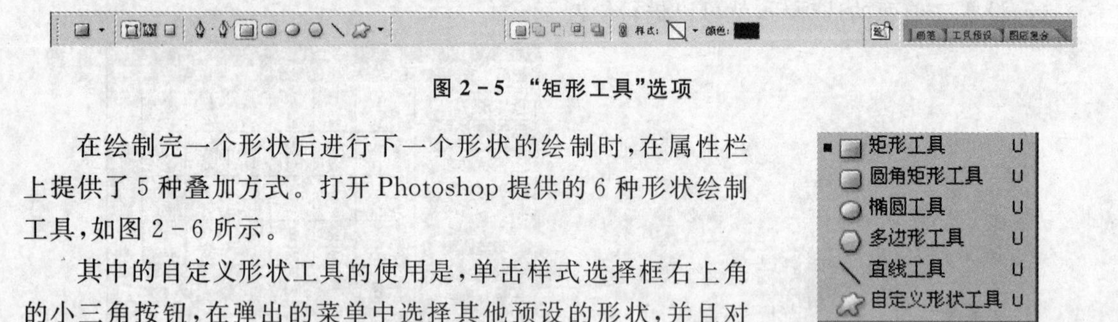

图 2-5 “矩形工具”选项

在绘制完一个形状后进行下一个形状的绘制时,在属性栏上提供了 5 种叠加方式。打开 Photoshop 提供的 6 种形状绘制工具,如图 2-6 所示。

其中的自定义形状工具的使用是,单击样式选择框右上角的小三角按钮,在弹出的菜单中选择其他预设的形状,并且对预设形状进行载入和删除,如图 2-7 所示。

图 2-6 “形状绘制工具”视图

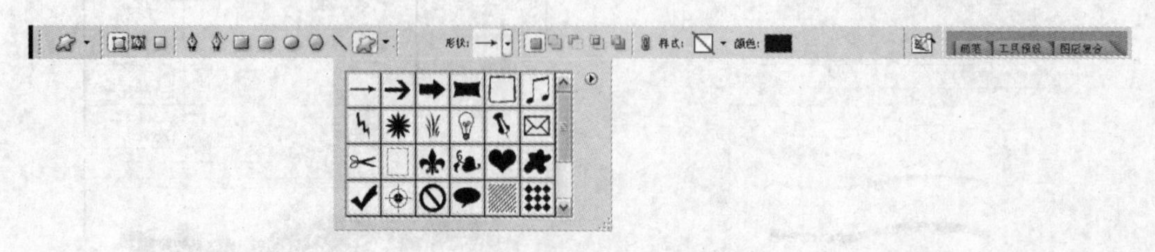

图 2-7 “自定义形状工具”选项

第二节　绘 制 路 径

(一)理解路径

1. 路径的定义

路径由一个或多个直线段或曲线段构成。用工具栏中的钢笔工具或其他形状工具画出来的直线、曲线、闭合图形都叫做路径(图 2-8)。我们可以通过对路径进行描边或填充等操作获得图形。

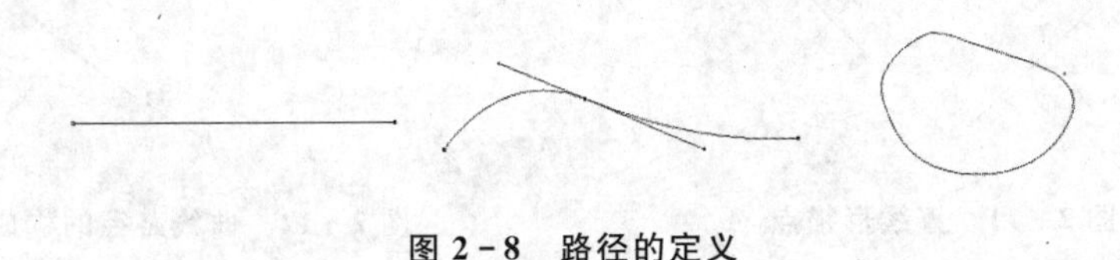

图 2-8　路径的定义

2. 工作路径和子路径

一个工作路径可以由一个或多个子路径构成。

(二)操作路径的方法

Photoshop 提供了 5 种路径修改的工具,分别是钢笔工具、自由钢笔工具、添加锚点工具、删除锚点工具和转换点工具,如图 2-9 所示。

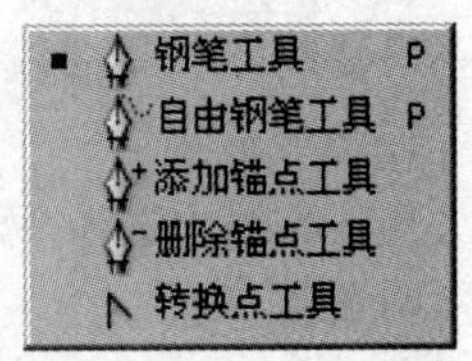

图 2-9　"修改工具"选项

1. 绘制路径的方法

路径的创建主要是使用钢笔工具和自由钢笔工具,在绘制路径之前,要在工具选项栏中选择绘图方式,如图 2-10 所示。

图 2-10　"绘图方式"选项

◆ 形状图层:如果选择了工具选项栏"形状图层"选项,将在新的图层上绘制矢量图。

◆ 路径:如果选择"路径"选项,绘制的将是路径。

◆ 填充像素:如果选择"填充像素"选项,将在当前层绘制前景色填充的矢量图形。

在这里我们要创建的是路径,所以应选择"路径"选项。钢笔工具属于矢量绘图工具,其优点是可以勾画平滑的曲线,在缩放或者变形之后能保持平滑效果。

绘制一个简单的路径,在工具栏选择钢笔工具,并且单击,以定义起始点的位置,在直线的终点再次单击,或按住"Shift"键可以让所绘制的点与上一个点保持 45°角的倍数,以绘制水平或者是垂直的线段。

控制线段形态(方向、距离)的,并不是线段本身,而是线段中的各个点的位置,这些点称为"锚点"。锚点间的线段称为"片断",锚点之间的线段是直线,所以又称为直线形锚点,如图 2-11 所示。

如果在起点按下鼠标之后不松手,向上拖动出一条方向线后放手,然后在第二个锚点拖动出一条向下的方向线,在绘制出第二个及之后的锚点并拖动方向线时,曲线的形态也随之改变。以此类推,即可画出曲线路径,如图 2-12 所示。

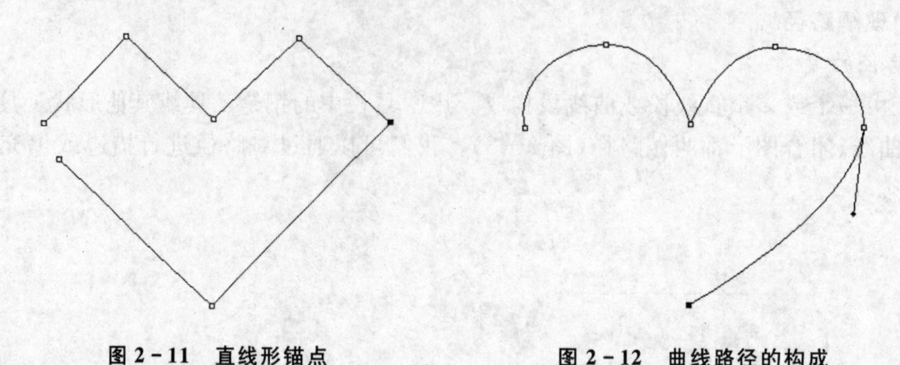

图 2-11　直线形锚点　　　　图 2-12　曲线路径的构成

2. 修改路径的方法

在创建路径时,往往很难一次就达到满意的效果,我们可以通过下面的方法来进一步完善路径。使用添加锚点工具和删除锚点工具,可以在形状上添加和删除锚点。转换点工具可达到平滑曲线和尖锐曲线或直线段转换的目的。

1)添加锚点

从工具箱中选择"添加锚点工具",并将指针放在要添加锚点的路径上(指针旁会出现加号)。

2)删除锚点

从工具箱中选择"删除锚点工具",并将指针放在要删除的锚点上(指针旁会出现减号)。单击锚点将其删除。

3)在平滑点和角点之间进行转换

从工具箱中选择"转换点工具",并将指针放在要更改的锚点上。如果要将平滑点转换成没有方向的角点,只需单击平滑点即可;如果要将平滑点转换成有方向的角点,一定要看到方向线,然后拖移方向线,使方向线断开(图 2-13)。

4)移动路径

如果想选择路径以移动,可以选择工具箱中的"路径选择工具"或"直接选择工具",再单击路径上的线段,即可拖移。

5)整形路径曲线段

"直接选择工具"还可用于选择路径锚点和改变路径的形状。

如果要调整曲线段的位置,拖移此曲线段即可,如图 2-14 所示。

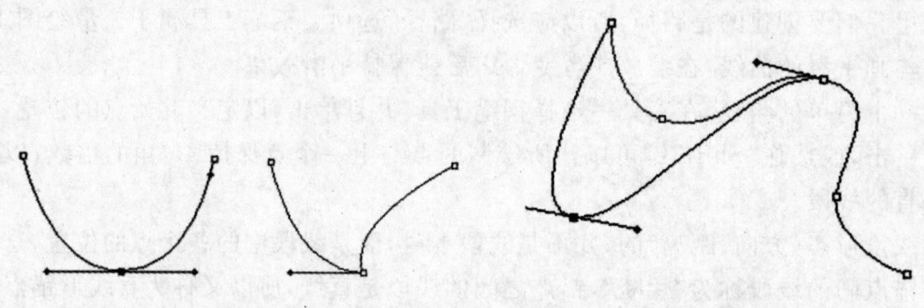

图 2-13　平滑点和角点的转换　　　　图 2-14　调整曲线段的位置

如是要调整所选锚点任意一侧线段的形状，拖移此锚点或方向点即可，如图 2－15 所示。

(三)路径调板的使用

通过“窗口”|“路径”命令，打开“路径调板”，路径调板列出了每条被存储的路径、当前工作路径和当前矢量蒙版的名称和缩览图像(图 2－16)。

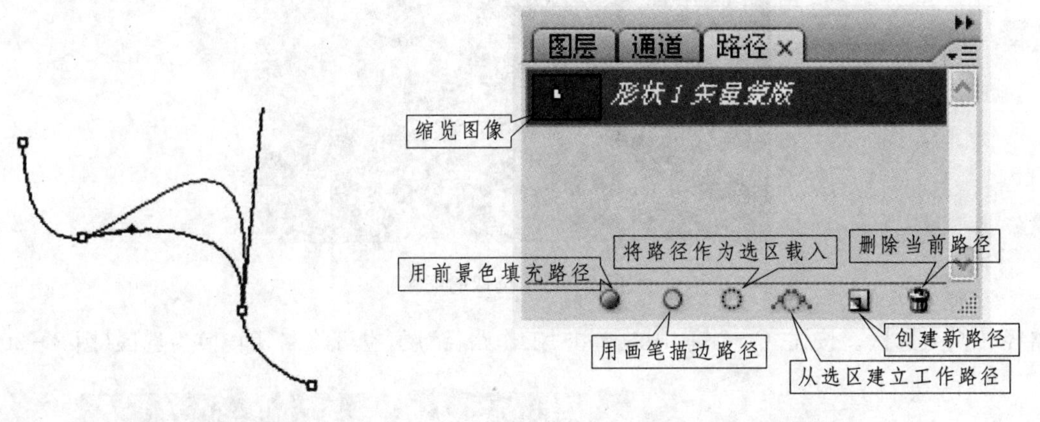

图 2－15　调整一侧线段的形状　　**图 2－16　“路径调板”视图**

1)描边路径

路径必须通过描边或填充，才能成为图像的一部分。

使用“路径选择工具”，选择当前路径。

单击“前景色”打开拾色器对话框，选定颜色。

在路径调板中，从调板菜单中选择“描边路径”(图 2－17)。

在“描边路径”对话框中，从工具下拉菜单中选择“铅笔”，单击“确定”(图 2－18)。

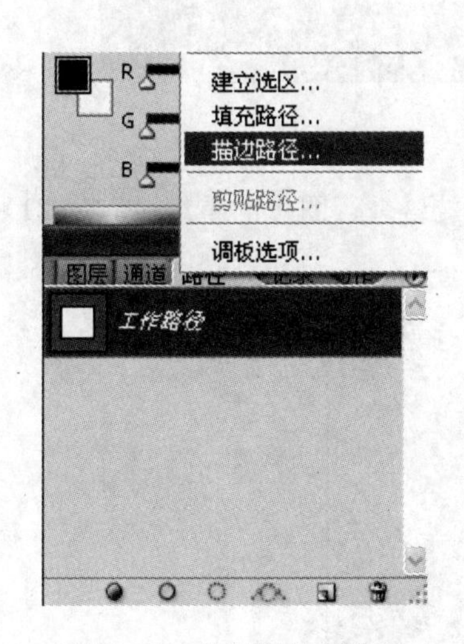

图 2－17　“路径调板”选项

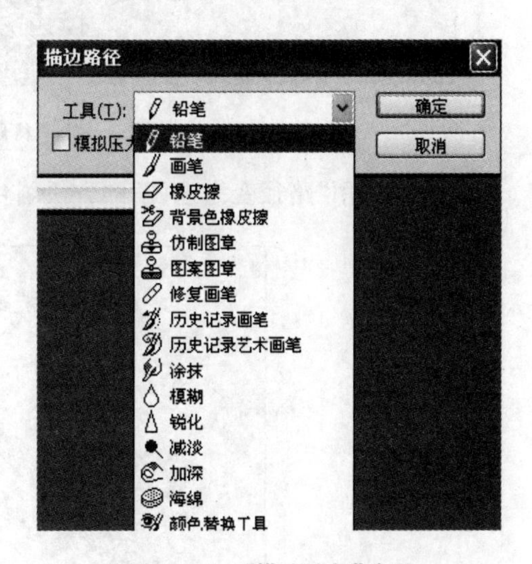

图 2－18　“描边路径”选项

2)图像的提取

要将路径变为选区，实现图像的提取，首先执行“文件”|“打开”命令，打开一张图片，如图 2－19 所示。

在“路径”调板中，单击“工作路径”，再单击调板下方的“将路径转换为选区”按钮，就可将

图 2-19 选取的图像

路径转换为选区。按住“Ctrl”键,同时单击“工作路径”层,也可将路径转换为选区(图 2-20)。

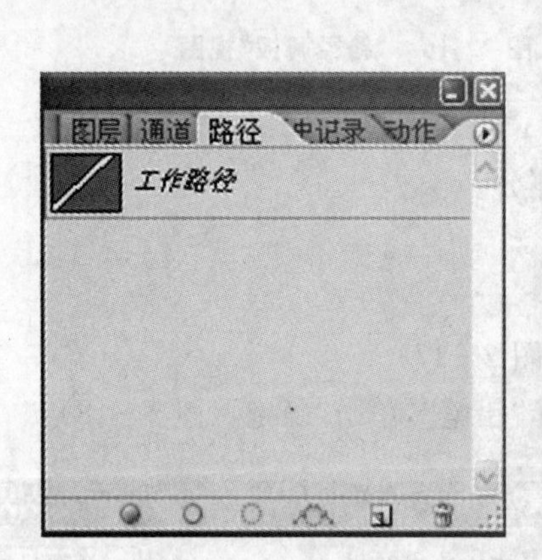

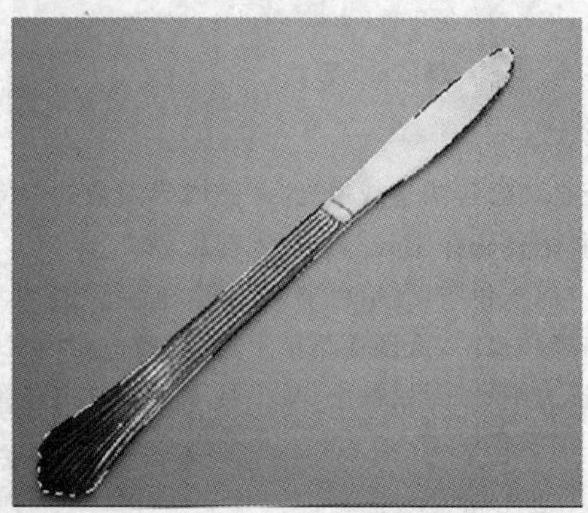

图 2-20 将路径转换为选区

现在我们利用“路径变为选区”的方法,将其从背景中抠出,进行图像的重组(图 2-21)。

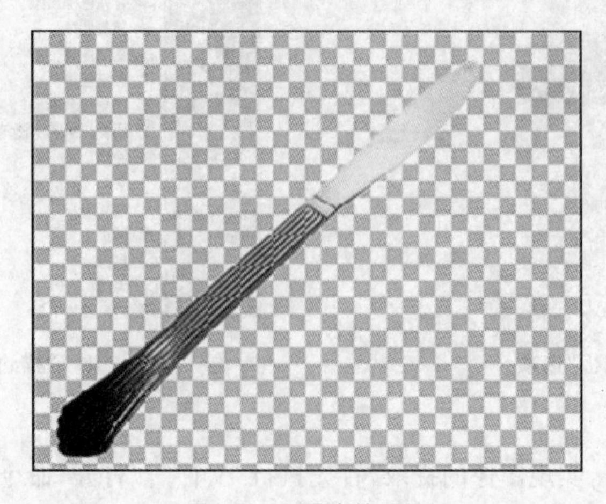

图 2-21 图像的重组

第三节　文 字 工 具

在平面设计中,文字占有极其重要的地位,文字在图像中往往能起到画龙点睛的作用。

在 Photoshop 的工具箱中,如图 2-22 所示有 4 个文字工具。可以通过选择不同的文字工具,设置要直接创建文字图像或文字选区,输入文字后,系统会自动创建一个新的文字图层。

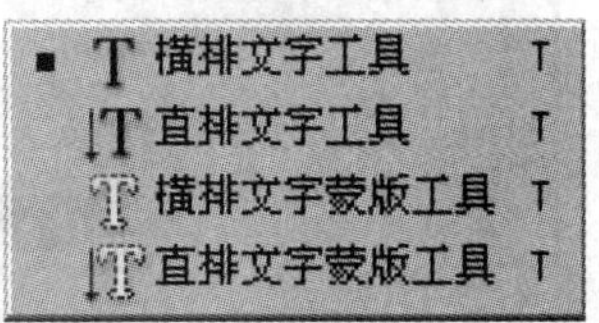

图 2-22　"文字工具"选项

1. 横排文字工具

利用横排文字工具可在图像中添加水平方向的文字,从工具箱中选择该工具后,其选项设置如图 2-23。

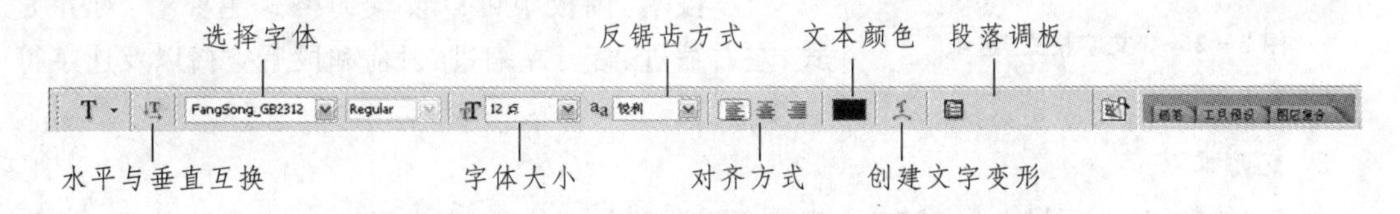

图 2-23　"横排文字工具"选项

在设置好字体和大小等选项后,在图像上需要输入文字的地方单击,即可输入文本,如图 2-24 所示。

2. 横排文字蒙版工具

选择横排文字蒙版工具,可在图像中任何图层添加水平方向的文字,但并不产生新的图层。该选区和其他选区一样,可移动、拷贝、填充,如图 2-25 所示。

图 2-24　横排文字效果

图 2-25　横排文字蒙版效果

3. 设置文字格式

在 Photoshop 中,可以控制文字图层中的个别字符,其中包括字体、大小、颜色、行距、字距微调、字距调整、基线偏移及对齐。可在输入字符之前设置文字属性,也可重新设置这些属性,以更改所选字符的外观。

单击文字工具选项栏上的段落调板按钮,可以设置更多的文字格式(在"字符"选项卡中,执行"窗口"|"字符"命令也可以打开),如图 2-26 所示。

图 2-26 “文字格式”选项

设置文字格式中重要的选项:

(1) 设置字体系列:从设置字体的下拉列表 FangSong_GB2312 中,可为文本选择字体。

(2)设置字体大小:可以通过下拉列表选择字号。

(3)控制间距:和工具可以精确地控制两个字符之间的间距。

(4)设置行距:可以设置行与行之间的间距。

4. 段落属性设置

打开“段落”选项卡,如图 2-27 所示。

在“段落”调板中可以设置的格式主要有:对齐方式、左右缩进、首行左缩进、段前和段后空格以及连字符连接等。

5. 变形文字

单击文字工具选项栏上的“创建文字变形”按钮,可以打开变形文字对话框,如图 2-28 所示。

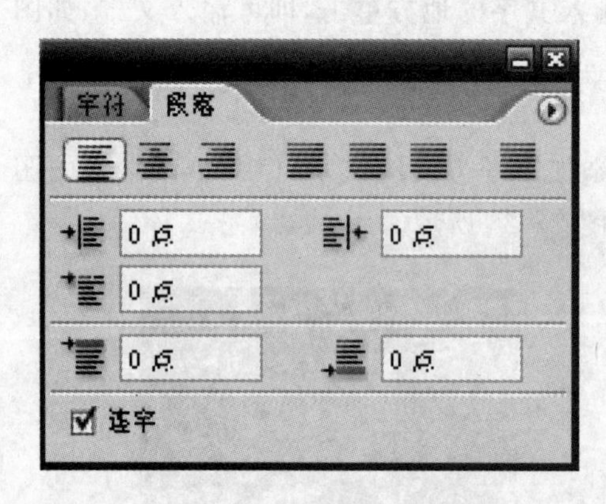

图 2-27 “段落”选项视图

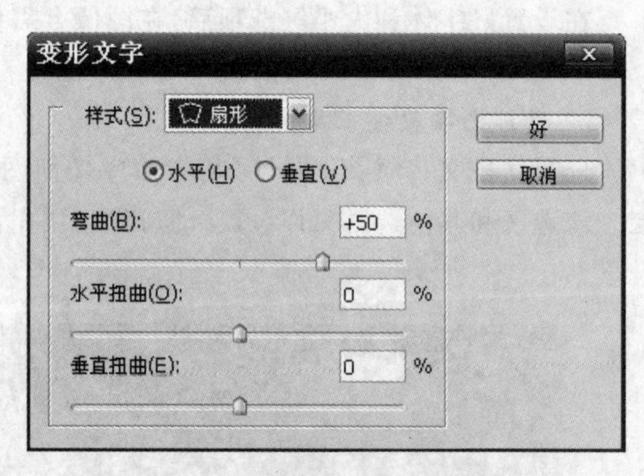

图 2-28 “变形文字”对话框

在“样式”下拉列表中可以选择变形的样式:通过选择“水平”或“垂直”单选钮可以指定变形效果的方向;拖动底部三个小滑块,可以调整变形程度和透视的效果;“弯曲”选项用于指定对图层应用的变形程度,“水平扭曲”和“垂直扭曲”选项对变形应用透视。使用“贝壳”样式变形的文字效果,如图 2-29 所示。

图 2-29 变形文字效果

6. 文字绕路径

这里将演示如何将文字放在路径上,我们首先创建一个水果(如苹果)轮廓的选区,并将其转换为一条路径。然后将文字应用于该路径。

步骤一:用钢笔工具选区,建立工作路径。

步骤二:将要用的文字复制到剪贴板中。

步骤三：在路径上单击鼠标，然后按"Ctrl＋V"制作环绕水果，粘贴文字，即可。

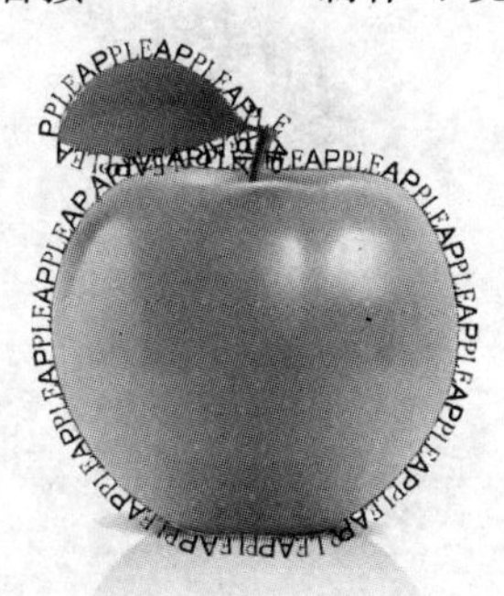

操作练习题

一、制作长发效果

解答：

（一）绘制图形

1. 新建大小为100×100像素的文件，用画笔在上面打点（黑色），效果如图2-01a所示。
2. 用矩形选择工具建立选区，然后定义画笔。
3. 新建文件，用钢笔工具勾画一条路径，效果如图2-01b所示。

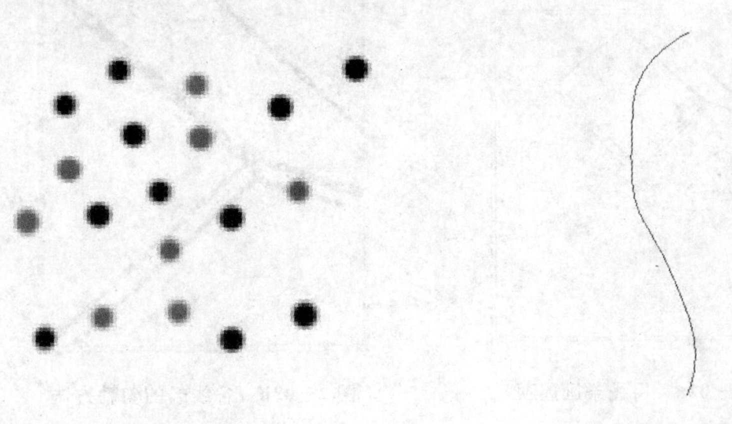

图2-01a　画笔描边　　　　**图2-01b　钢笔工具勾画路径**

（二）填充图形

4. 选择画笔工具，设置画笔的形状为自定义画笔，不透明度改为渐隐，步长根据路径的长度自己来调整，画笔间距改为1。

(三)编辑变换

5. 新建图层,在路径调板中,对路径用定义的画笔进行描边,然后移到或调整路径复制描边路径。用加深或减淡工具定义高光头发的亮光,如图 2-01c 所示。

(四)效果修饰

6. 用画笔和钢笔工具勾画人体的轮廓,适当调整头发的位置,并利用涂抹工具修饰发丝,效果如图 2-01d 所示。

7. 将文件以 Xps2-01. psd 的文件名保存在考生文件夹中。

图 2-01c　长发的制作过程

图 2-01d　长发效果

二、制作房屋效果

解答:

(一)绘画涂抹

1. 新建背景为白色的文件,用黑色像素线条画屋顶如图 2-02a 所示。各线条的勾勒方法如图 2-02b 所示。

图 2-02a　用线条画屋顶

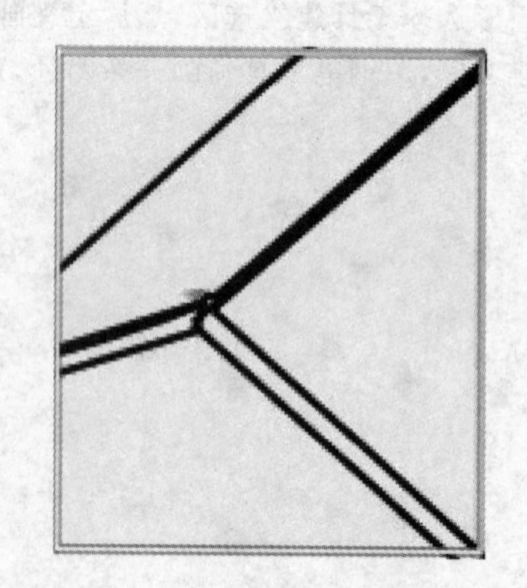

图 2-02b　各线条的勾勒方法

2. 用线条将房屋主体画出来,效果如图 2-02c 所示。

(二)色彩色调

3. 上色,铺整体色调,效果如图 2-02d 所示。把暗部的颜色画上去,这样房子就显出效果,如图 2-02e 所示。

(三)编辑修饰

4. 加上门窗的效果如图 2－02f 所示。窗户的绘制方法如图 2－02g 所示。

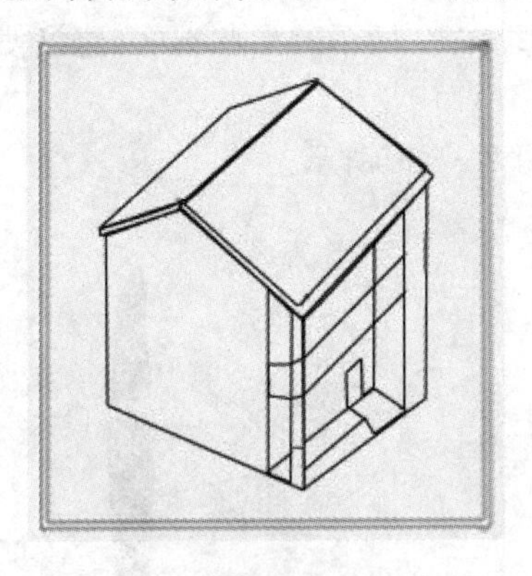

图 2－02c　用线条画房屋主体

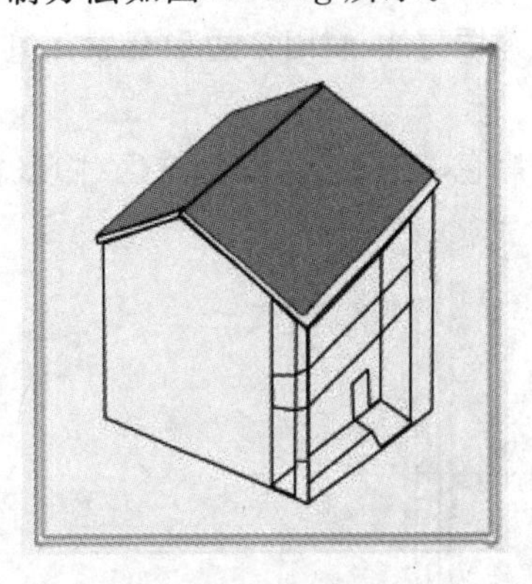

图 2－02d　铺整体色调

图 2－02e　填充暗部颜色

图 2－02f　添加门窗的效果

(四)效果合成

5. 给房顶加上线条，使得画面更丰富，房屋效果如图 2－02h 所示。

6. 将文件以 Xps2－02. psd 的文件名保存在考生文件夹中。

图 2－02g　窗户制作

图 2－02h　房屋效果

三、制作齿轮效果

解答：

(一)建立选区

1. 建立大小为 200×200 像素的新文件,首先设置一些辅助线,这样制作比较准确。按照如图 2 - 03a 所示,从上到下依次为 30—100—170,从左到右依次为 90—95—100—105—110 设置。

2. 新建图层 1,使用多边形套索工具,建立如图 2 - 03b 所示的形状选区,建议使用吸附参考线功能。

3. 用黑色填充选区,取消选区,隐藏辅助线,如图 2 - 03c 所示。

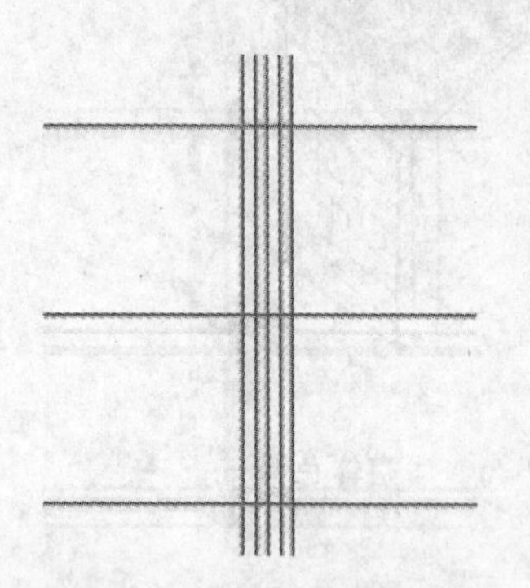

图 2 - 03a 设置辅助线

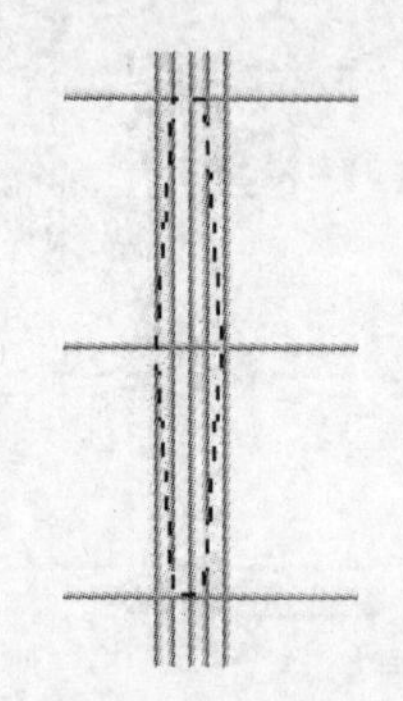

图 2 - 03b 建立多边形选区

图 2 - 03c 建立基本图形

(二)修改变换

4. 复制图层,执行自由变换命令,按"Shift"键旋转 30°,如图 2 - 03d 所示。

5. 重复第四步骤,得到如图 2 - 03e 所示图像。建议复制第一个图层旋转,这样能保证准确性。

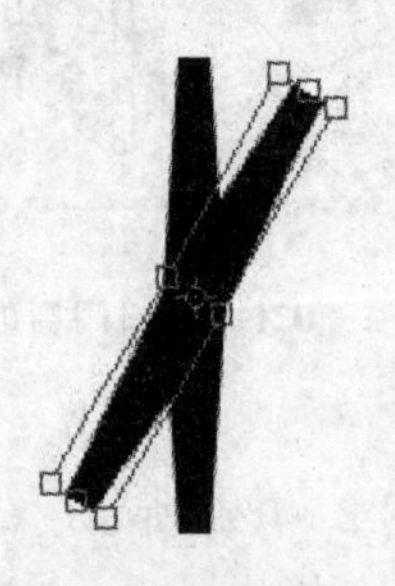

图 2 - 03d 旋转 30°

图 2 - 03e 多次复制旋转

(三)编辑调整

6. 新建图层 2,建立正圆选区,确定圆的中心是其他图层的交叉中心,然后用黑色填充,如图 2 - 03f 所示。

7. 仍然保证选区状态,按"Shift+Ctrl"组合键,然后单击每个图层添加选区,如图 2 - 03g 所示。

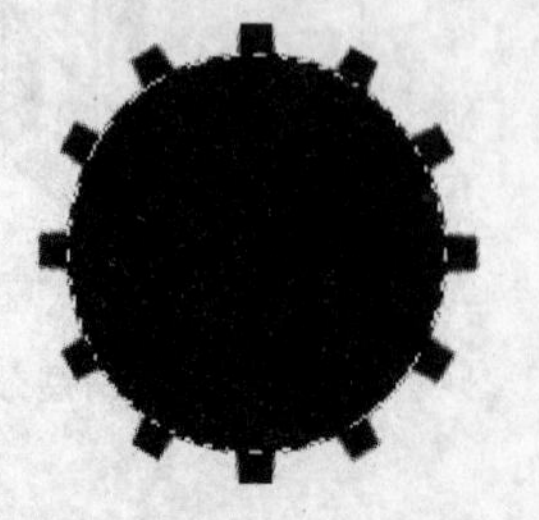

图 2 - 03f 建立正圆选区

图 2 - 03g 建立多边形选区

8. 新建图层 3,然后将其他图层关闭,执行"选择"|"修改"|"平滑"命令。参数设置:半径为 3 像素,用黑色填充选区,如图 2-03h 效果所示。

9. 另外建立一个选区,设定中心为整个图像的中心,然后单击"Delete"键,如图 2-03i 所示。

图 2-03h　多边形填充

图 2-03i　图形选区删除

(四)效果修饰

10. 在齿轮上打一些小孔,新建图层 4,用椭圆选框工具建立圆形选区,给齿轮打孔,如图 2-03j 所示。将图层 3 与图层 4 合并。

图 2-03j

11. 将文件以 Xps2-03.psd 的文件名保存在考生文件夹中。

四、制作鸡蛋效果

解答:

1. 新建文件:新建宽高为 247×313 像素大小的文件。

2. 建立图层:新建一层,绘制出鸡蛋的基本形体,并设定鸡蛋的颜色为 C:5; M:26; Y:43; K:1(图 2-04a)。

图 2-04a　绘制鸡蛋基本形体

3. 绘画设定:选择合适的柔角画笔,调整适度的透明度,来分别绘制鸡蛋的投影、暗面、灰面(图 2-04b)。

图 2-04b 绘制鸡蛋的各个面

4. 绘画润饰:添加鸡蛋的反光、亮面和高光(图 2-04c)。

图 2-04c 添加鸡蛋各个面的光泽

5. 将最终结果以 Xps2-04.psd 格式保存在考生文件夹中。

五、绘制高脚杯

解答:

1. 新建文件,制作渐变填充背景图层。新建图层,用钢笔描绘酒杯外形,需要不断调整外形,将路径转变为选区,然后填充颜色,效果如图 2-05a 所示。

图 2-05a 绘制酒杯外形

2. 用钢笔工具描绘内壁,然后填充渐变,效果如图 2-05b 所示。

图 2－05b　填充内壁

3. 勾画内壁高光，填充颜色为＃9BAEBC，图层透明度设为 60％，勾画反光，添加图层蒙版，用画笔喷枪喷涂，得到如图 2－05c 的效果。

图 2－05c　勾画内壁光泽

4. 再勾画高光，添加图层蒙版，透明度设为 60％，效果如图 2－05d 所示。

图 2－05d　再次勾画内壁高光

5. 再勾画出其他高光部分，透明度一般都设为 60％。用钢笔勾画，记得每次画后都要新建一个图层,然后再添加图层蒙版,用画笔画出渐隐效果,如图 2 - 05e所示。

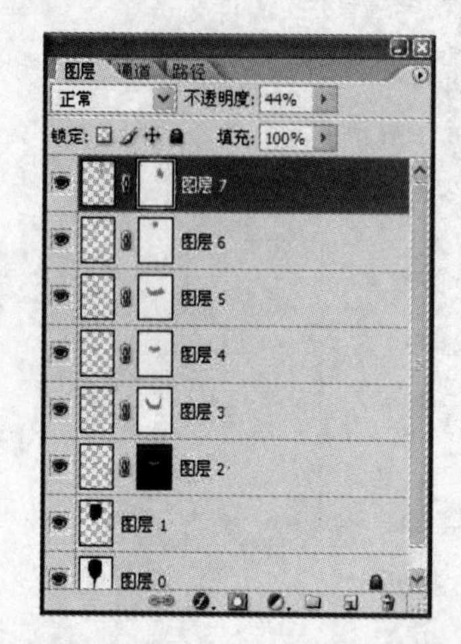

图 2 - 05e　勾画其他高光部分

6. 然后对杯口进行描边,再加上底部的一些反光,只要改变每个层的透明度就行了,效果如图 2 - 05f 所示。

图 2 - 05f　对杯口进行描边

7. 勾画杯脚的亮光,同样添加图层蒙版,得到渐隐的效果,如图 2 - 05g 所示。

图 2 - 05g　勾画杯脚的亮光

8. 继续勾画高脚杯的高光，将这层复制两次分别执行模糊和高斯模糊命令，效果如图2－05h所示。

图 2－05h　勾画高脚杯的高光

9. 改变层的透明度，得到最终效果，如图 2－05i 所示。

图 2－05i　高脚杯的最终效果

10. 将最终结果以 Xps2－05. psd 格式保存在考生文件夹中。

六、绘制水墨画

解答：

1. 新建大小 400×800 像素的文件。设置前景色和背景色为默认值，给文件添加杂色，参数设置如图 2－06a 所示。

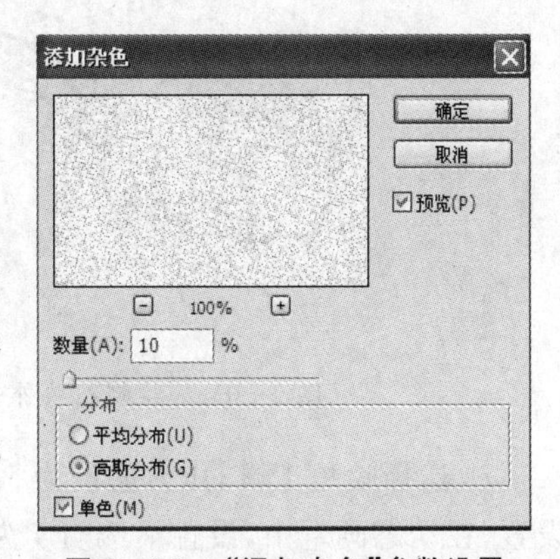

图 2－06a　"添加杂色"参数设置

2. 执行高斯模糊滤镜命令，参数设置如图 2－06b 所示。

3. 为了更真实地模拟宣纸效果，执行彩色平衡调整命令，参数设置如图 2－06c 所示。

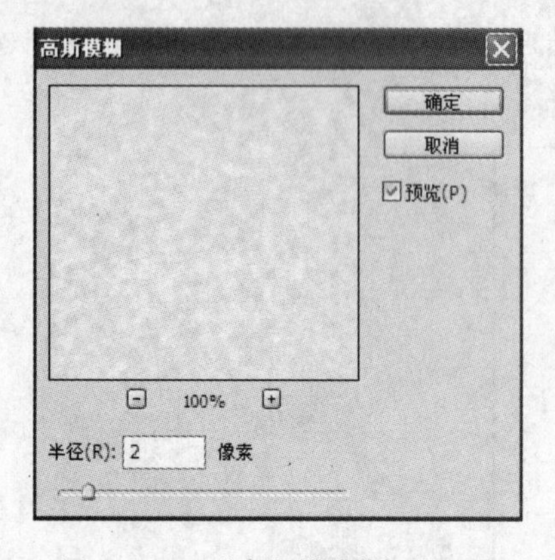

图 2-06b “高斯模糊”参数设置

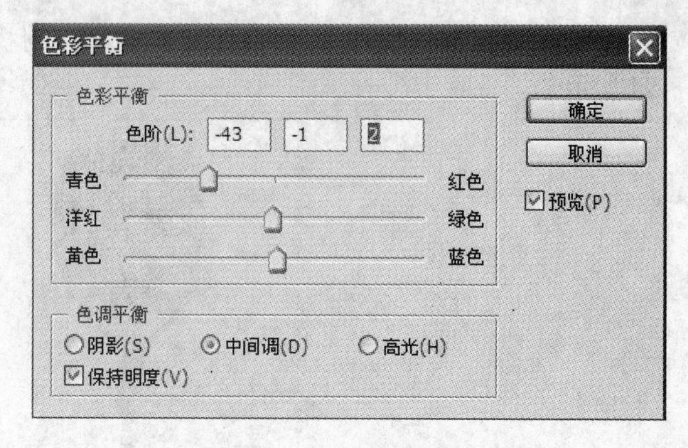

图 2-06c “色彩平衡”参数设置

4. 新建图层命名为“叶”,用钢笔工具勾画路径,如图 2-06d 的左图所示;将路径转变为选区,用黑色填充后,调整位置,如图 2-06d 的右图所示。

图 2-06d 勾画并填充“叶”

5. 新建图层命名为“石头”,用画笔工具在画布的左下角绘制石头的外轮廓,如图 2-06e 所示。

6. 用涂抹工具在石头的外边框上涂抹,效果如图 2-06f 所示。

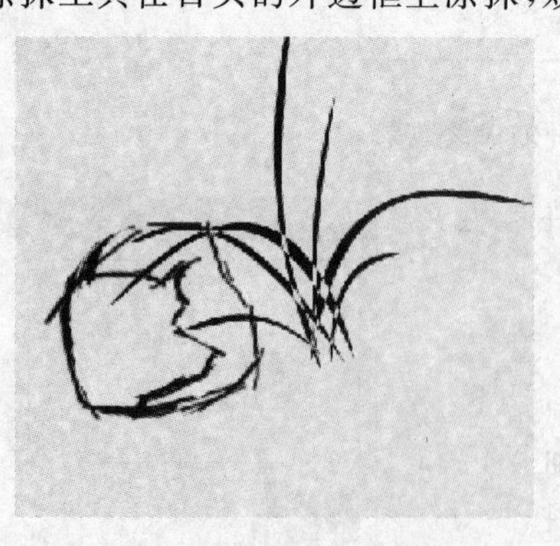

图 2-06e 绘制石头外轮廓

图 2-06f 涂抹石头外边框

7. 选择喷枪工具,压力值设为 5%,在石头的表面制作一些明暗关系;对喷枪的选项做些设置,在动态画笔中,设置不透明度为渐隐,步长为 100。效果如图 2-06g 所示。

8. 用同样的手法再绘制石头,如图 2-06h 所示。

图 2-06g　制作石头表面的明暗关系

图 2-06h　绘制另一块石头

9. 画几根竹子：新建图层命名为"竹子"，用铅笔工具绘制，在选项调板中设置不透明度为渐隐。效果如图 2-06i 所示。

图 2-06i　绘制竹子

10. 用同样的手法，再把竹子多添加几根，填补一下画面，如图 2-06j 所示。

图 2-06j　添加竹子

11. 添加月亮,或者再加几片云,如图 2 - 06k 所示。

图 2 - 06k　添加其他景物

12. 将最终结果以 Xps2 - 06. psd 格式保存在考生文件夹中。

第三章 色彩模式、绘制和调整

第一节 Photoshop 中的色彩模式

(一)颜色模式和模型

颜色模式决定用来显示和打印图像的色彩模型(简单地说,颜色模式是用于表现颜色的一种数学算法)。常见的颜色模型包括 HSB、RGB、CMYK、Lab 等。

常见的颜色模式包括位图(Bitmap)模式、灰度(Grayscale)模式、双色调(Doutone)模式、RGB 模式、CMYK 模式、Lab 模式、索引颜色(Index Color)模式、多通道(Multichannel)模式(即 8 位/通道模式、16 位/通道模式)。颜色模式除能够确定图像中能显示的颜色数量之外,还影响图像的通道数和文件大小。

1. HSB 模型

HSB 模型是基于人眼对色彩的观察来定义的。在此模型中,所有的颜色都用色相或色调、饱和度和亮度三个特性来描述。

(1)色相是与颜色主波长有关的颜色物理和心理特性。所有色彩都是表示颜色外貌的属性,即色相(色调)。非彩色(黑、白、灰色)不存在色相属性。简单来讲,色相或色调是物体反射或透射的光的波长,一般用"°"表示,范围是 0～360°。

(2)饱和度是颜色的强度或纯度,表示色相中灰色成分所占的比例,通常用 0%～100%来表示。

(3)亮度是颜色的相对明暗程度,通常也是以 0%(黑色)～100%(白色)来度量。

2. RGB 模型和模式

绝大多数可视光谱可用红色、绿色和蓝色(R/G/B)三色光的不同比例和强度的混合来表示。

由于 RGB 颜色合成可以产生白色,因此也称它们为加色。加色用于光照、视频和显示器。例如:显示器通过红色、绿色、蓝色的荧光粉发射光线产生颜色。

RGB 模式使用 RGB 模型,将红、绿、蓝三种基色按照从 0～255 的亮度值在每个色阶中分配。

3. CMYK 模型和模式

CMYK 模型以打印在纸上的油墨的光线吸收特性为基础。

CMYK 的 4 个字母分别指青、洋红、黄和黑,在印刷中代表 4 种颜色的油墨。

减色(CMYK)和加色(RGB)是互补色。

在 RGB 模型中是由光源发出的色光混合生成颜色;而在 CMYK 模型中是由光线照到不同比例青、洋红、黄和黑的纸上,部分光谱被吸收后,反射到人眼中的光产生颜色。

如果图像用于印刷,应使用 CMYK 模式。而由 RGB 模式的图像转换为 CMYK 模式即产生分色。

4. Lab 模型和模式

Lab 模型生成的颜色与设备无关,无论使用何种设备创建或输出图像,这种模型都能生成一致的颜色。

Lab 模式是由亮度分量(L)和 两个色度分量,即 a 分量(从绿色到红色)、b 分量(从蓝色到黄色)组成。

Lab 模式是 Photoshop 在不同颜色模式之间转换时使用的中间颜色模式。(如将 RGB 模式的图像转换为 CMYK 模式时,计算机内部会首先把 RGB 模式转换为 Lab 模式,然后再将 Lab 模式转换为 CMYK 模式。)

Lab 模型具有最宽的色域,包括 CMYK 和 RGB 色域中的所有颜色。CMYK 色域较窄,仅包含使用印刷油墨能够打印的颜色。当不能打印的颜色显示在屏幕上时,称其为溢色(超出 CMYK 色域范围)。

5. 索引颜色模式

索引颜色模式是网上和动画中常用的图像模式。该模式的使用可缩减文件大小。

第二节　油漆桶工具

工具箱中专门提供了一个填充颜色的工具,这个工具就是油漆桶工具。它是按照图像中像素的颜色进行填充色处理。在工具箱中选择油漆桶工具,其选项栏如图 3-1 所示。

图 3-1 “油漆桶”工具选项

1.“油漆桶”工具选项栏中各部分的功能

(1)“填充”框中有两个选项,当选择“前景”选项时,在图像中相应的范围内填充前景色;当选择“图案”选项时,可以在右侧的“图案”框中选择要使用的图案图像。

(2)“模式”选项设置填充图像与原图的混合模式。

(3)“不透明度”选项,可以设置填充内容的不透明度的范围。

(4)“容差”选项中的值是控制在图像中的填色范围的。

(5)勾选“消除锯齿”选项,可以在填充内容的边缘不产生锯齿效果。

(6)勾选“连续的”选项,工具只在与鼠标光标落点所在像素点的颜色相同或相近的所有相邻像素点中进行填充。不勾选该选项,工具在图像中所有与鼠标光标落点所在像素点的颜色相同或相近的像素点中进行填充,这些像素可以不是相邻的。

(7)勾选“所有图层”选项,选择填充范围时所有图层都起作用,否则只在当前层中起作用。

2. 油漆桶工具的使用

在工具箱中选择工具,在图像中单击鼠标,即可填充。

第三节　渐 变 工 具

渐变工具是使用较多的一种工具,利用这一工具可以在图像中填充颜色和透明度过渡的效果。工具常用来制作图像背景、立体效果和光亮效果等。

在工具箱中选择工具,选项栏如图 3-2 所示。

图 3-2 “渐变”工具选项

1.“渐变”工具选项栏中各部分的功能

(1)单击“渐变项”框右侧的按钮,在弹出的“渐变项”调板中可以选择要使用的渐变项。默认的渐变选项有 15 个,下面会详细介绍。

将鼠标光标移动至渐变项上略停一会儿,系统将自动弹出当前渐变项的名称。

单击“渐变项”调板右上角的按钮,弹出的下拉菜单中的命令与前面所学习的“画笔”调板菜单中的相似。

(2)选择“线性渐变”按钮,在图像中拖曳鼠标,“渐变项”色带自鼠标光标落点至终点产生直线渐变效果,其中鼠标光标落点之外以渐变的第一种颜色填充,终点之外以渐变的最后一种颜色填充。

(3)选择“径向渐变”按钮,在图像中拖曳鼠标,则以鼠标光标落点为圆心,拖曳鼠标的距离为半径,产生圆形渐变效果。半径之外的图像以渐变的最后一种颜色填充。

(4)选择“角度渐变”按钮,在图像中拖曳鼠标,则以鼠标光标落点为中心,自拖曳鼠标光标的角度起旋转 360°,产生锥形渐变效果。

(5)选择“对称渐变”按钮,在图像中拖曳鼠标,自鼠标光标落点至终点产生直线渐变效果,终点以外以渐变的最后一种颜色填充,同时将渐变效果以鼠标光标落点处与鼠标光标拖曳方向相垂直的直线为轴,进行对称复制。

(6)选择“菱形渐变”按钮,其操作方法和功能与选择其他按钮相近,只是它产生的是菱形渐变效果。

2. 编辑渐变项

Photoshop CS2 软件提供了大量的渐变项供用户选用,除默认的外,还另外提供了几类渐变项。单击工具选项栏“渐变项”框右侧的按钮,在弹出的“渐变项”调板中单击右上角的按钮,弹出的下拉菜单最下方就是几类渐变项,单击相应的命令,即可将这些渐变项添加到当前的“渐变项”调板中。软件还专门提供了让用户自己编辑需要的渐变项的功能。在工具箱中选择工具,单击选项栏中的“渐变项”框,弹出的“渐变编辑器”对话框如图 3-3 所示。

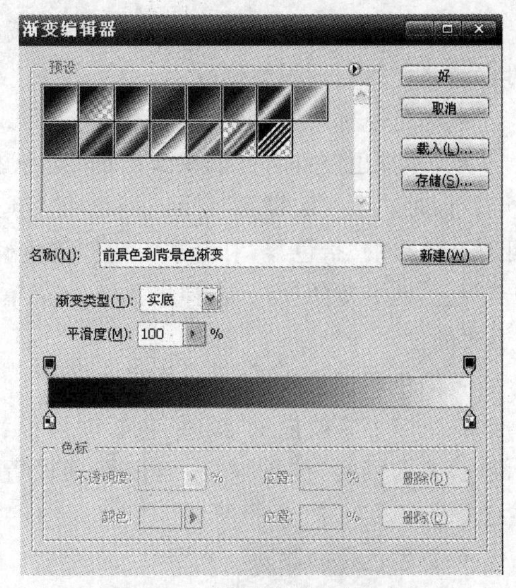

图 3-3 “渐变编辑器”对话框

1)预设框

预设框中显示当前可供选用的渐变项。在“预设”框中单击渐变项,将其选择,“渐变编辑器”对话框下方显示该渐变项的参数及选项设置。

在“预设”框中的渐变项上单击鼠标右键,在

弹出的右键菜单中,各部分功能如下:

◆ 选择"新渐变"命令,可以将当前渐变项进行复制并添加在"预设"框末尾。

◆ 选择"重命名渐变"命令,可以在弹出的"渐变名称"对话框中修改当前渐变项的名称。

◆ 选择"删除渐变"命令,可以将当前的渐变项删除。

2)名称框

名称框内修改的不是当前渐变项的名称,而是修改新建渐变项时新渐变项的名称。修改渐变项的名称必须在当前渐变项上单击鼠标右键,然后在弹出的右键菜单中选择"重命名渐变"命令。

3)渐变类型框

渐变类型框中有两个选项:实底选项和杂色选项。选择不同的选项,其下的设置内容也会发生相应的变化。

(1)在"渐变类型"框中选择"实底"选项。选择"实底"选项,可以编辑过渡均匀的渐变项,"实底"类型的渐变项支持透明效果。

①平滑度框,该选项的数值可用来调节渐变的光滑程度。

②渐变项色带:"渐变编辑器"对话框"平滑度"框下方的色带显示渐变项的效果,我们称之为渐变项色带,在渐变项色带上可以修改渐变项的效果。

③颜色色标:在"渐变项"色带下方有一些形态像小桶一样的标志,这是一些颜色标志,我们称之为颜色色标。颜色色标所在的位置,就是色带上使用该色标指定的颜色位置。渐变项色带自一个颜色色标设置的颜色过渡至其相邻的另一个颜色色标设置的颜色。

◆ 颜色色标的种类

当色标使用前景色时,显示为"前景"色标。

当色标使用背景色时,显示为"背景"色标(注意观察"前景"色标和"背景"色标下半部黑色方块的位置)。

当色标使用自定义颜色时,显示为"用户颜色"色标。"用户颜色"色标的颜色为该点处使用的渐变颜色。

◆ 颜色色标的选择

单击"颜色"色标,其上端的三角形区域显示为黑色时,表示它当前处于被选择状态,此时可以对该色标进行编辑修改。

◆ 颜色色标的颜色修改

双击"颜色"色标,可以在弹出的"拾色器"对话框中修改色标使用的颜色。当选择了"颜色"色标时,"渐变编辑器"对话框下方的"颜色"框内显示当前色标使用的颜色,单击"颜色"框可以在弹出的"拾色器"对话框中调整该色标的颜色,此时"颜色"色标为"用户颜色"色标。单击"颜色"框右侧的按钮,在弹出的下拉菜单中可以设置当前色标使用"前景"色、"背景"色或"用户颜色"。

◆ 颜色色标的位置设置

在色带上直接拖曳"颜色"色标就可以移动"颜色"色标的位置。在"拾色器"对话框下方"颜色"框右侧的"位置"框中可以精确设置所选择的"颜色"色标在整条色带百分之几的位置上。

◆ 颜色色标的删除

当色带上有两个以上"颜色"色标时,选择要删除的"颜色"色标,单击右下角的删除按钮,或直接拖曳“颜色”色标离开“渐变项”色带，都可删除当前色标，但色带上至少需要保留两个“颜色”色标。

◆ 颜色色标的添加

将鼠标光标移至“渐变项”色带下边的位置上，当鼠标光标显示为小手时，单击可以创建一个新的“颜色”色标。

④不透明度色标：在“渐变项”色带上方有一些标志，这是一些颜色标志，称之为“不透明度”色标。

◆ 不透明度色标的颜色根据色带的透明效果显示相应的灰度，当色带完全透明时，“不透明度”色标显示为白色；当色带完全不透明时，“不透明度”色标显示为黑色。

◆ 不透明度色标的选择

单击“不透明度”色标，其下端的三角形区域显示为黑色时，表示它当前处于被选择状态，此时可以对该色标进行编辑修改。

◆ 不透明度色标的透明度设置

在“渐变项”色带上选择“不透明度”色标，在下方的“不透明度”框中可以调整该色标“渐变项”色带的透明度。

◆ 不透明度色标的位置设置

在“渐变项”色带上选择“不透明度”色标，在下方的“位置”框中可以精确设置所选择的“不透明度”色标在整条色带百分之几的位置上。直接在“渐变项”色带上拖曳“不透明度”色标，也可以调整该色标的位置。

◆ 不透明度色标的删除

当色带上有两个以上“不透明度”色标时，在“渐变项”色带上选择要删除的“不透明度”色标，单击对话框下方删除按钮，可以删除当前“不透明度”色标，但色带上至少需要保留两个“不透明度”色标。

◆ 不透明度色标的添加

将鼠标光标移动至“渐变项”色带上边的位置上，当鼠标光标显示为小手时，单击可以创建一个新的“不透明度”色标。

(2)在“渐变类型”框中选择“杂色”选项。选择“杂色”选项，渐变项不能产生均匀过渡，效果较粗糙，“杂色”类型的渐变项也不能产生透明效果。

◆ “粗糙度”值决定色带颜色的粗糙程度，实际上就是色带的锐化程度。

◆ 在“颜色模型”框中设置当前色带以什么颜色模式进行设置，其下的色带随颜色模式设置的不同产生相应的变化。拖曳色带下的三角形可以调整色带使用的颜色。

◆ 勾选“限制颜色”选项，可以适当降低色带中颜色的饱和度。

◆ 勾选“增加透明度”选项，可以将色带设置为透明。

◆ 单击随机化按钮，由 Photoshop 随机设置色带使用的颜色。

【例】蜡烛火苗的绘制。

1. 新建一个 400×600 像素的文件，背景色设为黑色。

2. 绘制一蜡烛底座图。

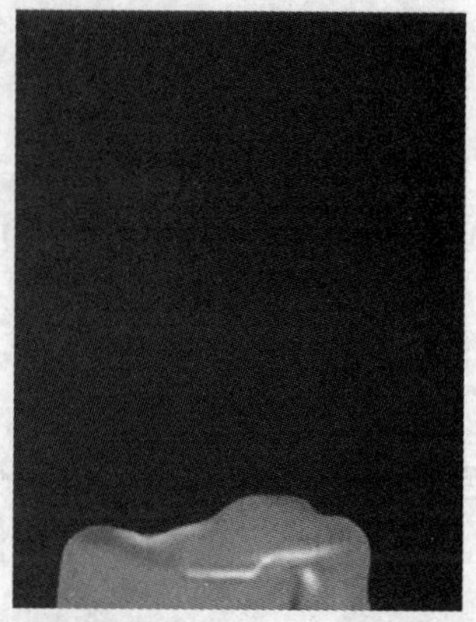

3. 在其上添加蜡烛火苗。做法如下：

(1)新建一层,命名为火苗。

(2)选择椭圆选框工具,首先把羽化值定为 20,拉出一椭圆选框。

(3)选择渐变工具,在渐变编辑器里设置“颜色模型”的色带。

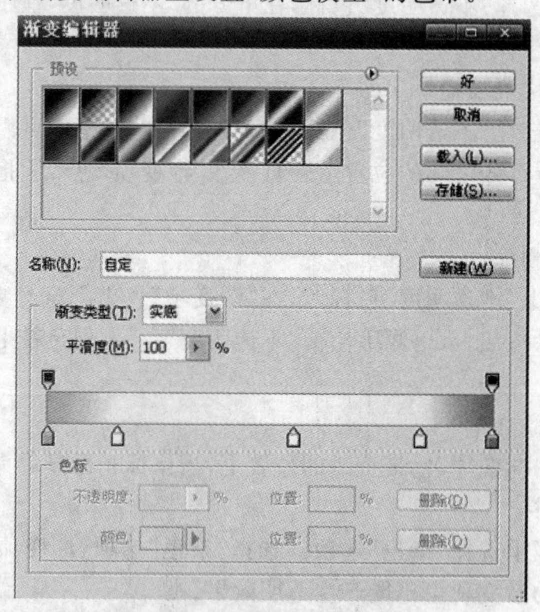

(4)使用径向渐变拉出火苗。

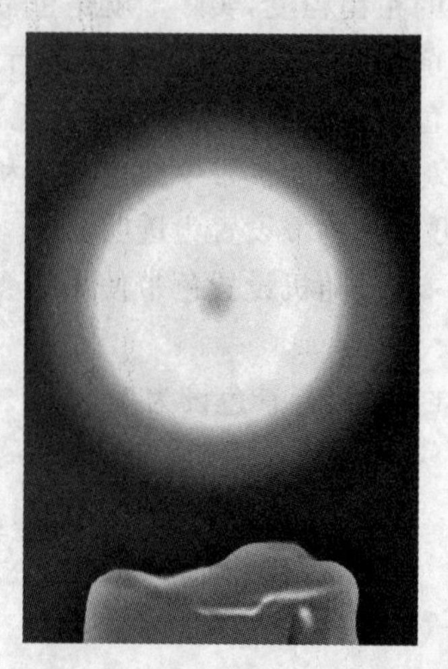

(5)按“Ctrl＋T”键,将圆形变成一个长条,应用;再加上一个上下渐变的蒙版。

(6)再建一层,画出烛心。

第四节　图像色彩调整

(一)色彩平衡

图像在处理后或多或少会丢失一些颜色,出现色偏、过饱和或饱和不足的颜色。色彩平衡用于调节图像中的颜色部分,可以更改彩色图像的颜色混合。

执行“图像”|“调整”|“色彩平衡”命令,将弹出如图 3-4 所示的对话框。

◆ 阴影、中间调、高光:可以选择要着重更改的色调范围。

◆ 保持亮度:可以防止图像的亮度值随颜色的更改而改变,该选项可保持图像的色彩平衡。

将滑块拖向要在图像中增加的颜色或减少的颜色。颜色条上的值显示红色、绿色和蓝色通道的颜色变化,数值的范围可从－100～＋100。

(二)亮度/对比度

使用“亮度/对比度”命令,可以对图像的色调范围进行简单的调整。与“曲线”和“色阶”命令不同,“亮度/对比度”会对每个像素进行相同程度的调整。

执行“图像”|“调整”|“亮度/对比度”命令,将弹出如图 3-5 所示的对话框。

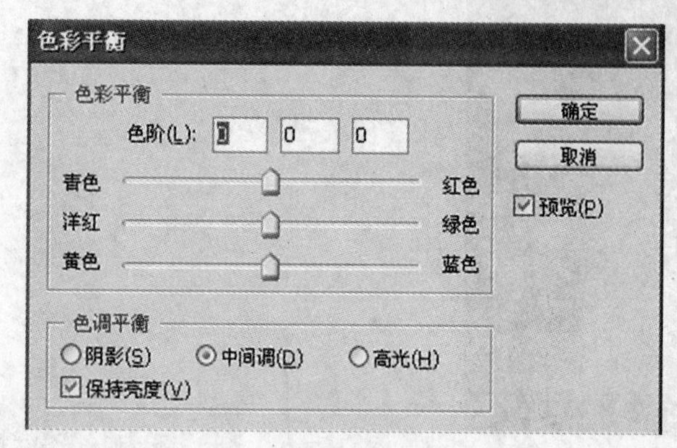

图 3-4 “色彩平衡”对话框

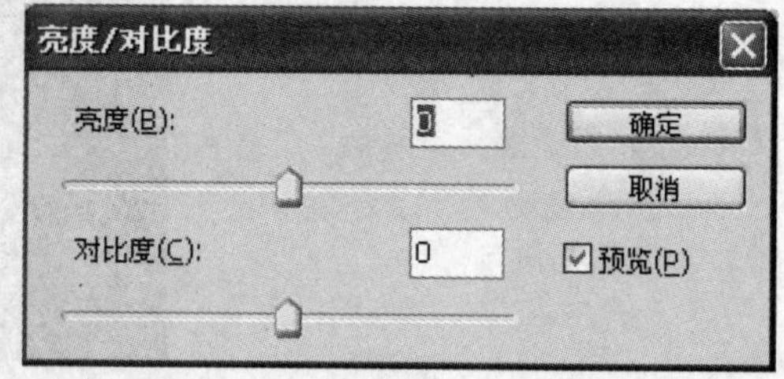

图 3-5 “亮度/对比度”对话框

向右拖移,增加亮度/对比度,数值的范围可从－100～＋100。

(三)色相/饱和度

使用“色相/饱和度”命令,可以调整图像中特定颜色的色相、饱和度和亮度,或者同时调整图像中的所有颜色。色相是表示颜色外貌的属性,简单地说就是颜色。饱和度是颜色的强度或纯度,简单地说是一种颜色的鲜艳程度。亮度就是指明亮程度。

在 Photoshop 中,此命令尤其适用于微调 CMYK 图像的颜色,以便使其在输出设备的颜色范围内。

执行“图像”|“调整”|“色相/饱和度”命令,将弹出如图 3-6 所示的对话框。

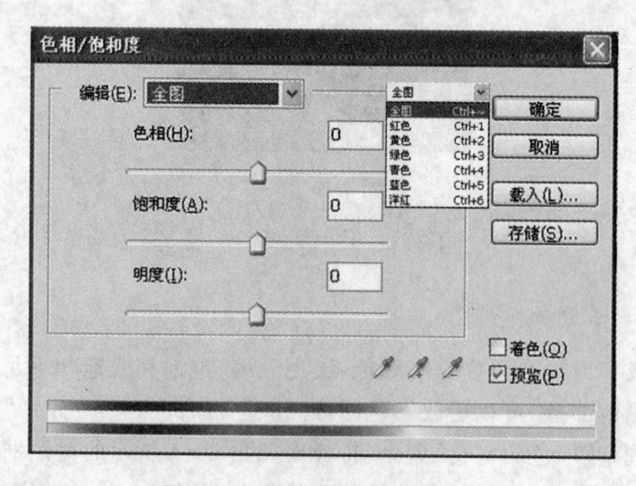

图 3-6 “色相/饱和度”对话框

◆ 全图:选择此项后,可以同时调整图像中的所有颜色。

选择其他颜色:则只调整所选颜色的色相、饱和度和亮度。

◆ 着色:选中该复选框,可以给灰色图像上色。

◆ 吸管工具:要从图像中选择颜色作为编辑范围。

(四)替换颜色

使用"替换颜色"命令,可以选择图像中特定颜色,然后调整图像中特定颜色的色相、饱和度和亮度值,从而替换那些颜色。

执行"图像"|"调整"|"替换颜色"命令,将弹出如图 3－7所示的对话框。

◆ 选区:在预览框中显示蒙版,被蒙版区域是黑色,未蒙版区域是白色。

◆ 图像:在预览框中显示图像。

◆ 在图像或预览框中单击可以选择蒙版的区域

使用普通吸管工具可以选择由蒙版显示的区域。按住"Shift"键,可以增加区域;按住"Alt"键,可以移去区域。

以上是主要的图像色彩调整命令,还有"通道混合器"命令、"渐变映射"命令、"照片滤镜"命令、"变化"命令等。

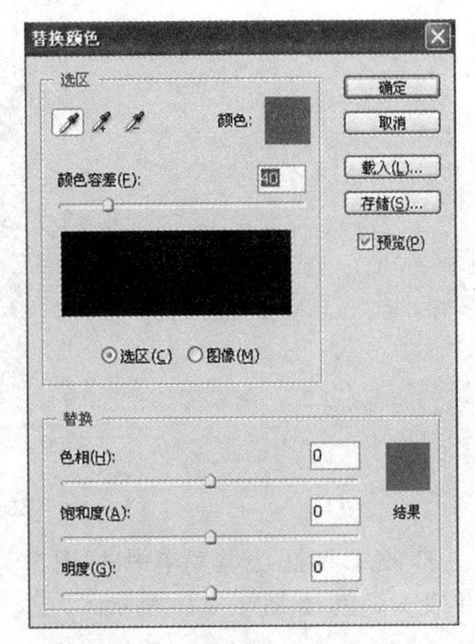

图 3－7　"替换颜色"对话框

操作练习题

一、调整图像色彩练习

解答:

1. 打开素材图,如图 3－01a 所示。

图 3－01a　素材图

2. 在要变换颜色的区域,建立选区,如图 3－01b 所示。

图 3-01b　建立选区

3. 色彩调整:选择菜单中的"图像"|"调整"|"替换颜色"命令,再到"色彩平衡"中调整色相,变为绿色,如图 3-01c 所示。

图 3-01c　调整色彩

4. 效果修饰:选择菜单中的"图像"|"调整"|"曲线"命令,调整画面对比度如图 3-01d 所示。

图 3-01d　效果修饰

二、制作珍珠效果

解答：

1. 新建文件，在新建的图层中建立 30×30 像素的圆形选区，并填充该选区。

2. 点击图层面板下的图层样式按钮，选择阴影效果命令，参数如图 3－02a 所示。

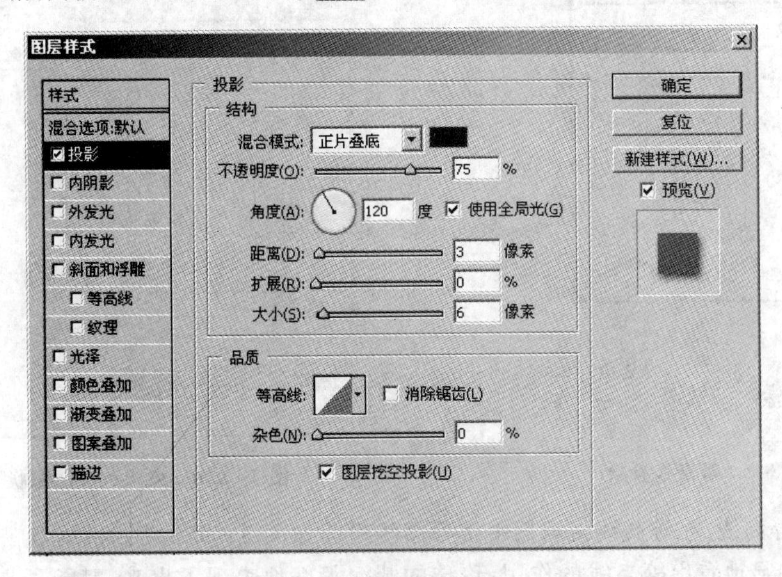

图 3－02a　阴影效果参数

3. 选择内发光效果，参数如图 3－02b 所示。

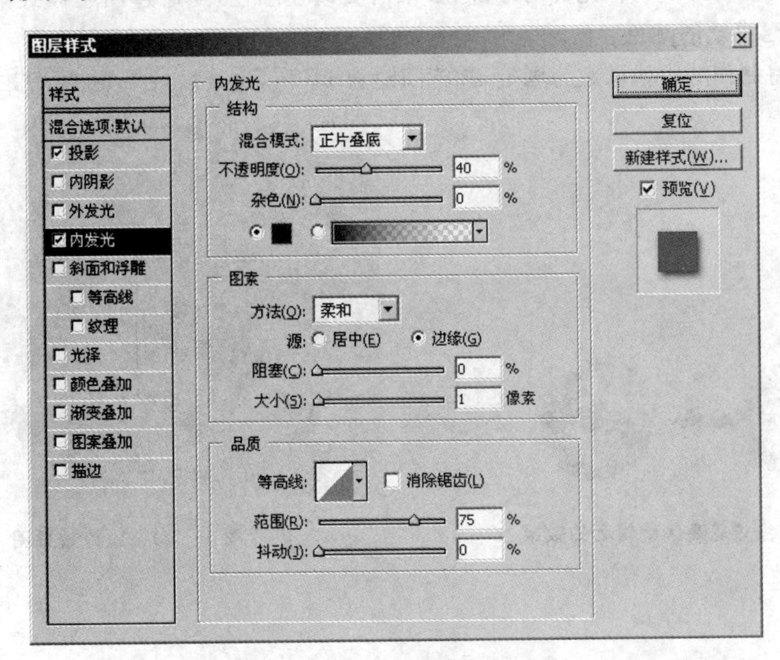

图 3－02b　内发光效果参数

4. 选择斜面和浮雕效果选项，参数设置：样式为内斜面，方法为雕刻清晰，深度为 600%，方法为上，大小为 10 像素，软化为 3 像素，角度为－60 度，取消全局光，高度为 65 度。在光泽等高线类型中，先选择预设的“起伏斜面—下降”模式，再移动等高线，调整为如图 3－02c 所示参数。

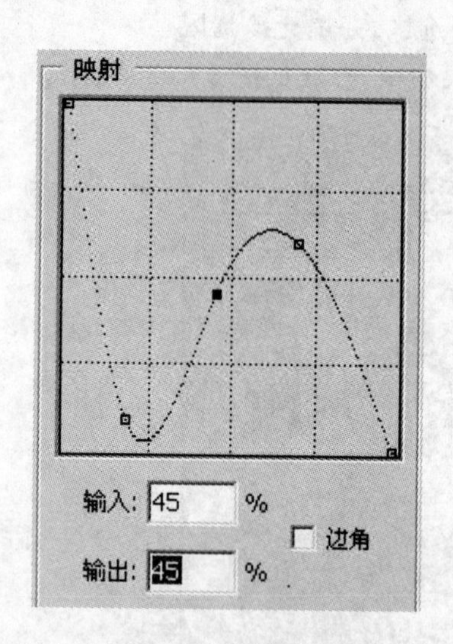

图 3-02c 等高线参数

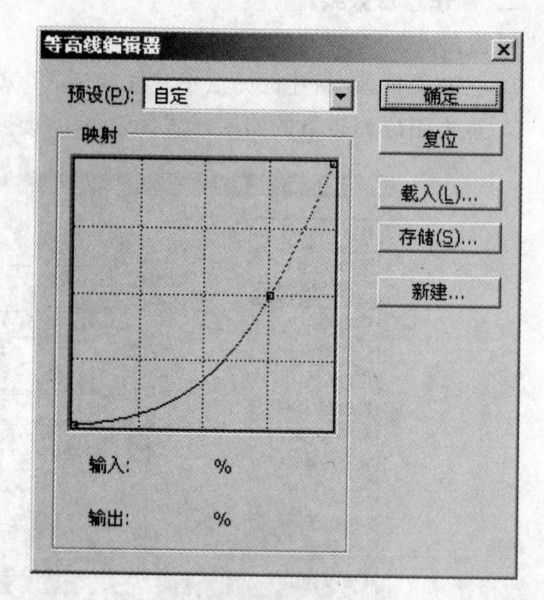

图 3-02d 编辑等高线形状

5. 点击等高线,在等高线编辑器中将等高线设为如图 3-02d 所示的形状。从图 3-02e 中我们能很明显地看出等高线的作用:珍珠的圆润很好地表现了出来,赋予了它很强的反光作用。

6. 这时已经得到了一颗完美的珍珠,如果需要改变颜色,则通过图层样式中的颜色叠加命令,选择自己喜欢的颜色。

7. 最后将制作的珍珠设定为画笔,画笔间距为 110%,连接后效果如图 3-02f 所示。

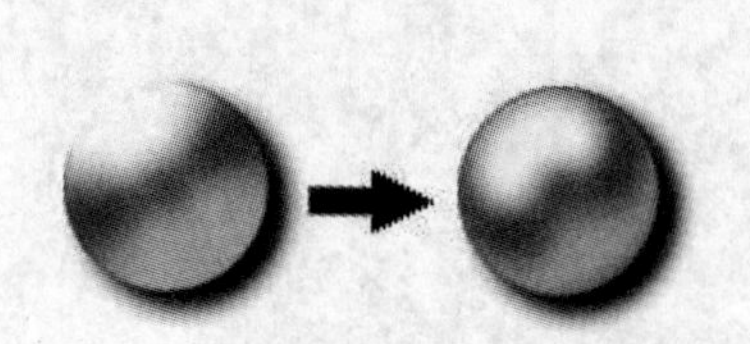

图 3-02e 经过等高线编辑后的效果

图 3-02f 最终效果图

第四章　图　　层

第一节　图层的基本概念

我们在使用 Photoshop 时几乎都会使用到图层功能，但是你对图层的概念和所有应用功能都全面了解了吗？相信图层功能还有许多地方是被你忽视掉的，今天我们就来全面解析 Photoshop 图层功能，帮助大家详细了解图层这个 Photoshop 中最基本而又重要的工具。

1. 图层概念

使用图层可以在不影响整个图像中大部分元素的情况下处理其中一个元素。我们可以把图层想象成是一张一张叠起来的透明胶片，每张透明胶片上都有不同的画面，改变图层的顺序和属性可以改变图像的最后效果。通过对图层的操作，使用它的特殊功能可以创建很多复杂的图像效果。

2. 图层调板

图层调板上显示了图像中的所有图层、图层组和图层效果。我们可以使用图层调板上的各种功能来完成一些图像编辑任务，如创建、隐藏、复制和删除图层等；还可以使用图层模式改变图层上图像的效果，如添加阴影、外发光、浮雕等。另外，我们对图层的光线、色相、透明度等参数都可以做修改来制作不同的效果。“图层调板”视图如图 4－1 所示。

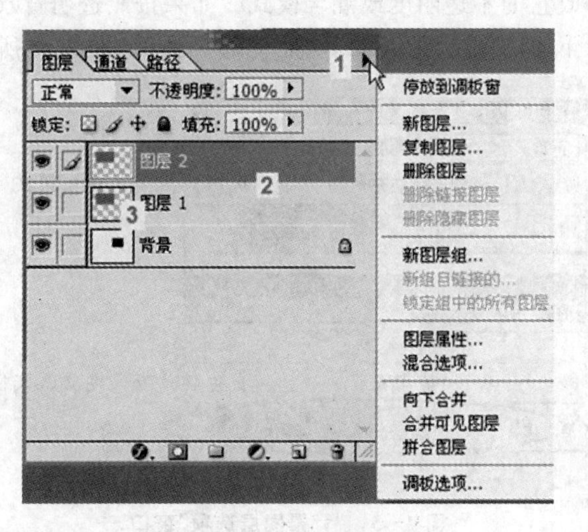

图 4－1　“图层调板”视图

图 4－1 中显示出了图层调板最简单的功能：1 是图层的菜单功能，点击向右的菜单就可以看到它的功能，包括新建、复制、删除图层，建立图层组、图层属性、混合选项、图层合并等功能；2 就是图层；3 是可以看到图层上图像的缩略图。

在 Photoshop 中的“窗口”菜单下选择“图层”就可以打开上面的调板，如果想改变图 4－1

中 3 缩略图的大小,可以点击 1 的三角形按钮展开功能菜单选择“图层调板选项”打开选择对话框(图 4-2),然后设置缩略图的显示大小。

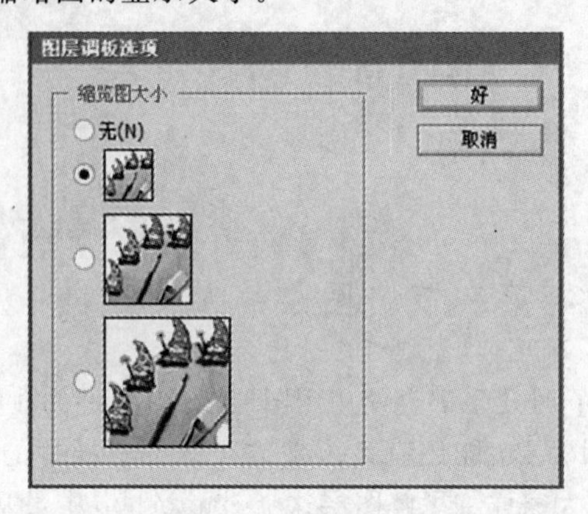

图 4-2 “图层调板选项”窗口

提示:为了使计算机运行的速度加快,可以选择关闭“缩略图”功能,即在图 4-2 中选择“无”。

第二节 图层类型

1. 背景图层

每次新建一个 Photoshop 文件时,图层会自动建立一个背景图层(使用白色背景或彩色背景创建新图像时),这个图层是被锁定在位于图层的最底层。我们是无法改变背景图层的排列顺序的,同时也不能修改它的不透明度或混合模式。如果按照透明背景方式建立新文件时,图像就没有背景图层,最下面的图层不会受到功能上的限制,如图 4-3 所示。

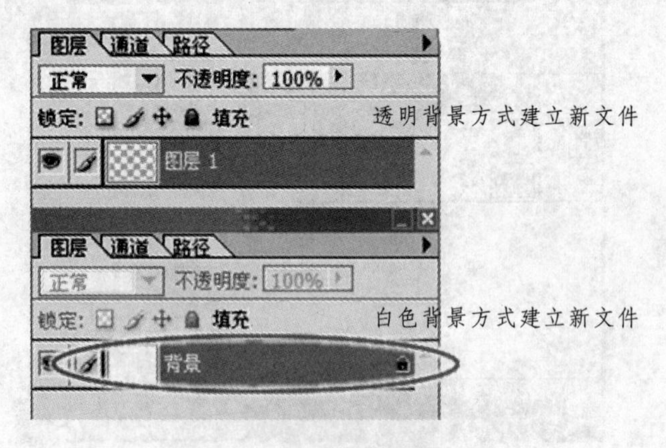

图 4-3 “背景图层选项”窗口

如果不愿意使用 Photoshop 强加的受限制背景图层,我们也可以将它转换成普通图层让它不再受到限制。具体方法是:在图层调板中双击背景图层,打开新图层对话框(图 4-4),然后根据需要设置图层选项,点击“确定”按钮后再看看图层调板上的背景图层已经转换成普通图层了。

2. 图层组

如果你做的图太复杂、图层太多，你就把它们分组，一种类型的分为一组，这样好找，相互不会影响，这时就要用到图层组。

图层组(图 4－5)可以帮助组织和管理图层，使用图层组可以很容易地将图层作为一组移动，对图层组应用属性和蒙版以及减少图层调板中的混乱。

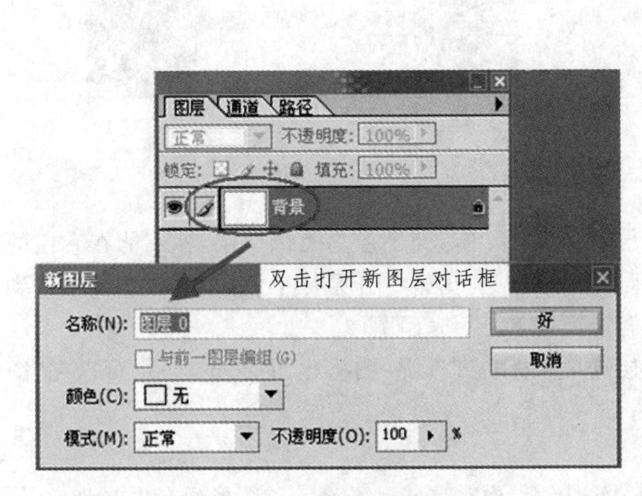

图 4－4　“新图层”对话框

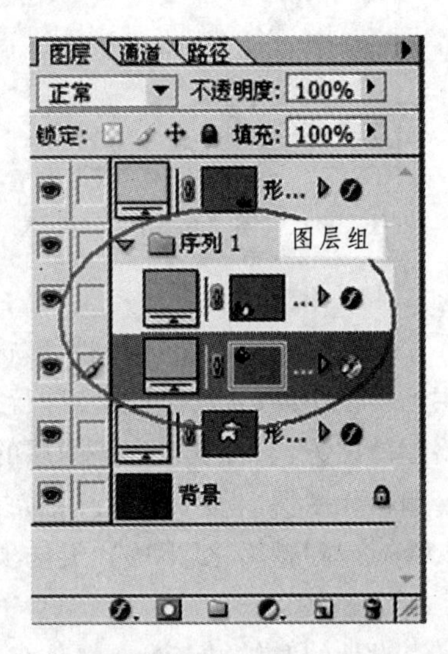

图 4－5　“图层组选项”窗口

注意：在现有图层组中无法创建新图层组。

第三节　图层基本操作

1. 新建图层

我们可以在图层菜单选择“新建图层”或者在图层调板下方选择“新建图层/新建图层组”按钮(图 4－6)。

2. 复制图层

(1)在“图层”调板中选择一个图层或组。

(2)执行下列操作之一：

将图层或组拖移到“新建图层”按钮。

从“图层”菜单或“图层调板”菜单中选取“复制图层”或“复制组”。在 Photoshop 中，输入图层或组的名称，然后点击“确定”。

创建新图层
背景
创建新图层组

图 4－6　“新建图层”对话框

需要制作同样效果的图层，可以选中该图层点击鼠标右键选择“复制图层”选项，需要删除图层就选择“删除图层”选项。双击图层的名称可以重命名图层的名字(图 4－7)。

3. 颜色标识

选择“图层属性”选项，可以给当前图层进行颜色标识(图 4－8)，有了颜色标识后在图层调板中查找相关图层就会更容易一些。

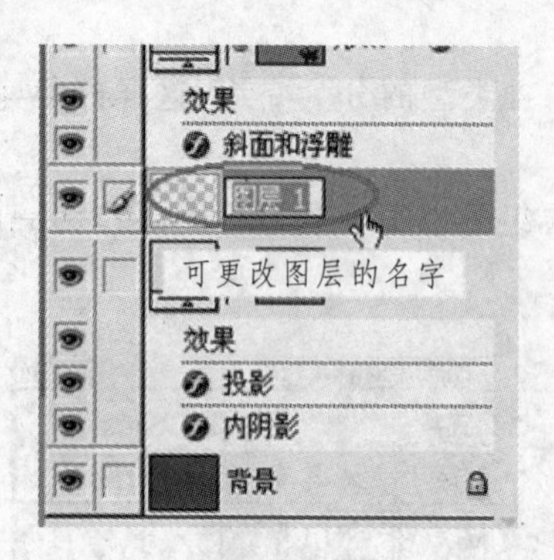

图 4-7 “重命名图层”对话框

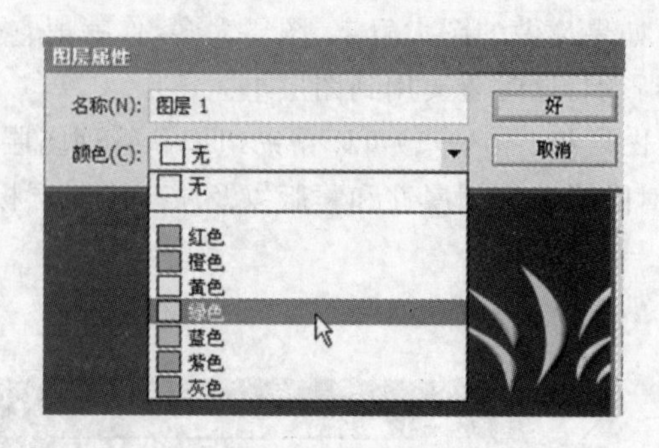

图 4-8 “图层颜色标识”选项

4. 栅格化图层

一般我们建立的文字图层、形状图层、矢量蒙版和填充图层之类的图层,就不能在它们的图层上再使用绘画工具或滤镜进行处理了。如果需要在这些图层上再继续操作就需要使用到栅格化图层了,它可以将这些图层的内容转换为平面的光栅图像。

栅格化图层的程序是:可以选中图层点击鼠标右键选择“栅格化图层”选项;也可以在“图层”菜单选择“栅格化”下的各类选项(图 4-9)。

5. 合并图层

在设计的时候很多图形都分布在多个图层上,而对这些已经确定的图形不会再修改了,我们就可以将它们合并在一起以便于图像管理。合并后的图层中,所有透明区域的交叠部分都会保持透明。

如果是将全部图层都合并在一起,可以选择菜单中的“合并可见图层”和“拼合图层”等选项;如果只选择其中几个图层合并,根据图层上内容的不同有的需要先进行栅格化之后才能合并(图 4-10)。栅格化之后菜单中出现“向下合并”选项,我们将要合并的这些图层集中在一起,这样就可以合并所有图层中的几个图层了。

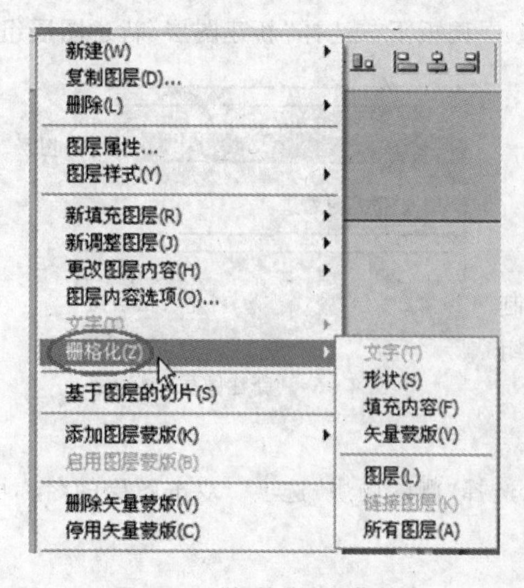

图 4-9 “栅格化图层”选项

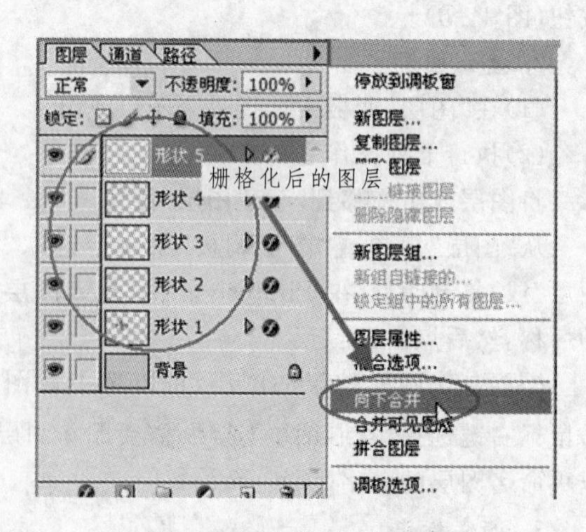

图 4-10 合并图层的步骤

第四节　图层的样式

图层样式可以帮助我们快速应用各种效果，还可以查看各种预定义的图层样式。使用鼠标即可应用样式，也可以通过对图层应用多种效果创建自定义样式。可应用的效果样式有投影效果、外发光、浮雕、描边等。当图层应用了样式后，在图层调板中图层名称的右边会出现“*f*”图标（图 4－11）。

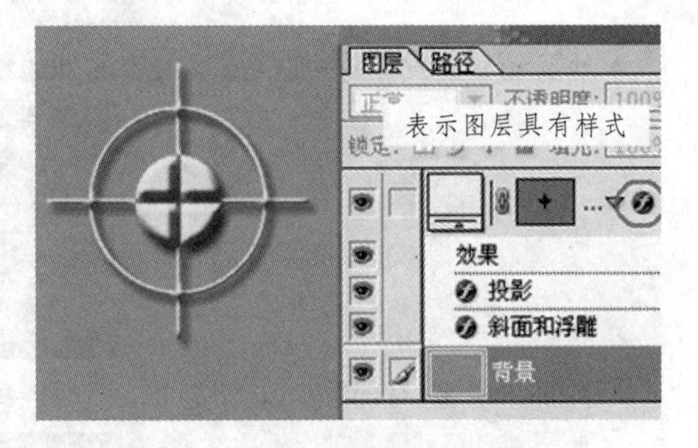

图 4－11　“图层样式”选项

1. 应用样式

Photoshop 还提供了很多预设的样式，我们可以在样式模板中直接选择所要的效果套用，应用预设样式后我们还可以在它的基础上再修改效果。通过在混合选项调板（图 4－12）中添加各种效果，我们也可以自定义样式。

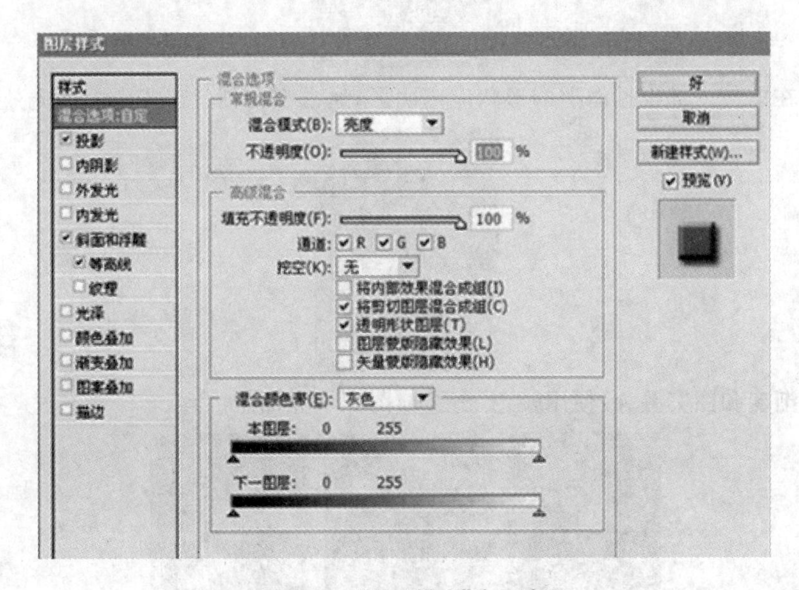

图 4－12　“图层样式”应用选项

◆ 投影：在图层内容的后面添加阴影。

◆ 内阴影：紧靠在图层内容的边缘内添加阴影，使图层具有凹陷外观。

◆ 外发光和内发光:添加从图层内容的外边缘或内边缘发光的效果。

◆ 斜面和浮雕:对图层添加高光与暗调的各种组合。

◆ 光泽:在图层内部根据图层的形状应用阴影,通常都会创建出光滑的磨光效果。

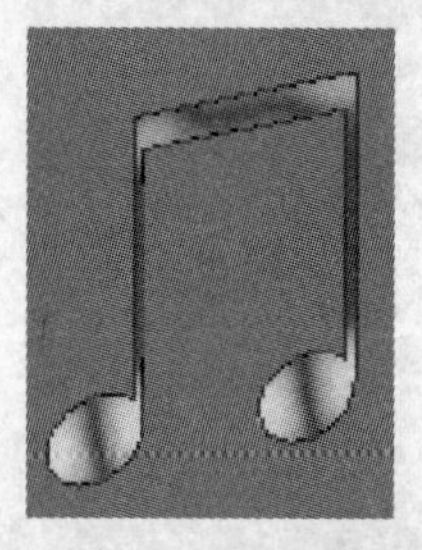

◆ 颜色、渐变和图案叠加:使用颜色、渐变或图案填充图层内容。

颜色叠加

渐变叠加

图案叠加

◆ 描边:使用颜色、渐变或图案在当前图层上描画对象的轮廓。

以上每一种效果模式都可以在“混合选项”调板中对其进行详细的参数设置。这样灵活的应用效果模式可以创造出花样别出的特殊效果。

2. 隐藏/显示图层样式

在“图层”菜单下的“图层样式”中可以选择“隐藏所有图层效果”或“显示所有图层效果”命令，隐藏/显示图层的样式。在图层调板中我们可以展开图层样式，也可以将它们合并在一起。

3. 拷贝和粘贴样式

如果想让其他的图层应用同一个样式，可以使用拷贝和粘贴样式功能。首先选择要拷贝的样式的图层，然后选择“图层”菜单下的“图层样式”中“拷贝图层样式”命令。要将样式粘贴到另一个图层中，先在图层调板中选择目标图层，再选择“图层”菜单下的“图层样式”中“粘贴图层样式”命令。若要粘贴到多个图层中需要先链接目标图层，然后选择“图层样式”中的“将图层样式粘贴到链接的图层”，粘贴的图层样式将替换目标图层上的现有图层样式。除此之外通过鼠标拖移效果，也可以拷贝粘贴样式。

4. 删除图层效果

对于那些已经应用的样式我们又想将它们取消，可以在图层调板中将效果栏拖移到“删除图层”按钮上；或者选择“图层”菜单下的“图层样式”中“清除图层样式”命令；或者选择图层，然后点击图层调板底部的“清除样式”按钮。

第五节　图层的混合模式

1. 图层不透明度设置

除了改变位置和层次以外，图层一个很重要的特性就是可以设定不透明度。降低不透明度后图层中的像素会呈现出半透明的效果，这有利于进行图层之间的混合处理。

图层的不透明度决定它显示自身图层的程度：不透明度为 1% 的图层显得几乎是透明的，而透明度为 100% 的图层显得完全不透明（这里注意不要弄反了）。图层的不透明度的设置方法是，在图层调板中“不透明度”选项中设定透明度的数值，100%为完全显示（图 4－13）。

提示：背景图层或锁定图层的不透明度是无法更改的。

除了设置图层的不透明度以外，还可以为图层指定填充不透明度。填充不透明度影响图层中绘制的像素或图层上绘制的形状，但不影响已应用于图层效果的不透明度。填充方法是，在图层调板的“填充不透明度”文本框中输入需要的数值（图 4－14）。

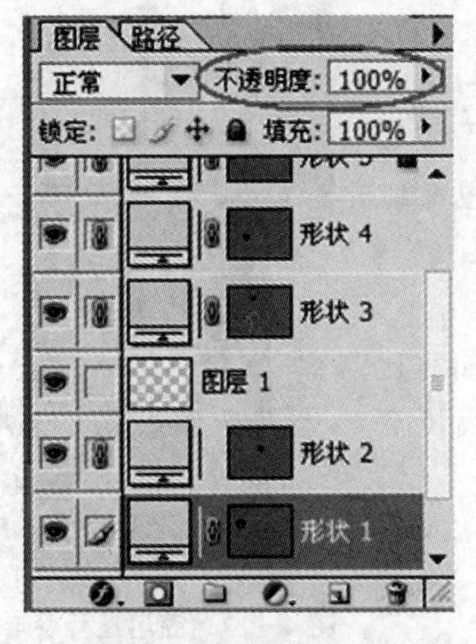

图 4－13　“图层不透明度设置”选项

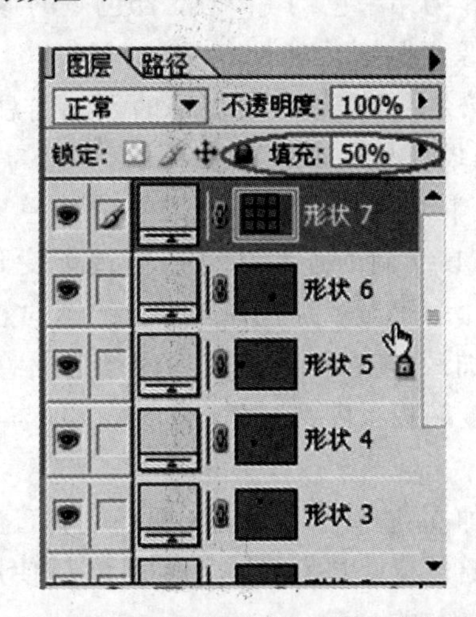

图 4－14　“图层不透明度填充”选项

2. 图层混合模式

使用混合模式可以创建各种特殊效果,需要注意的是图层没有“清除”混合模式,Lab 图像无法使用“颜色减淡”、“颜色加深”、“变暗”、“变亮”、“差值”和“排除”等模式。使用混合模式很简单,只要选中要添加混合模式的图层,然后在图层调板的混合模式菜单中找到所要的效果(图 4－15)。

在菜单选项栏中指定的混合模式可以控制图像中像素的色调和光线,应用这些模式之前我们应从下面的颜色应用角度来考虑:基色,是图像中的原稿颜色;混合色,是通过绘画或编辑工具应用的颜色;结果色,是混合后得到的颜色。

3. 各类混合模式选项详解

正常:编辑或绘制每个像素使其成为结果色(默认模式)。

溶解:编辑或绘制每个像素使其成为结果色。但根据像素位置的不透明度,结果色由基色或混合色的像素随机替换,效果对比如图 4－16 所示。

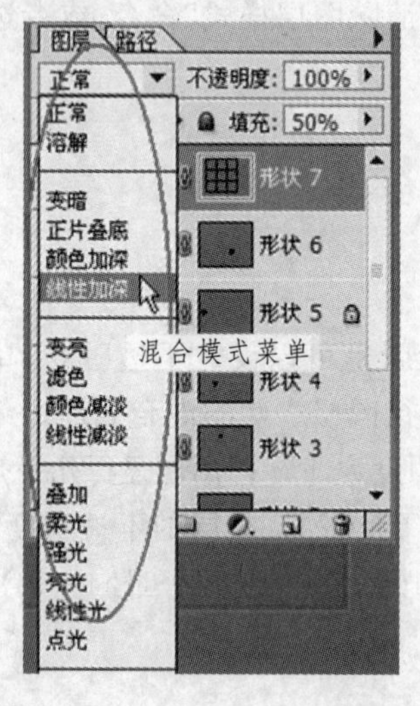

图 4－15 “图层混合模式”选项

图 4－16 图层溶解模式的效果

变暗:查看每个通道中的颜色信息,选择基色或混合色中较暗的作为结果色,其中比混合色亮的像素被替换,比混合色暗的像素保持不变。

正片叠底:查看每个通道中的颜色信息,将基色与混合色复合,结果色是较暗的颜色。任何颜色与黑色混合产生黑色,与白色混合保持不变。用黑色或白色以外的颜色绘画时,绘画工具绘制的连续描边产生逐渐变暗的颜色(图 4－17),与使用多个魔术标记在图像上绘图的效果相似。

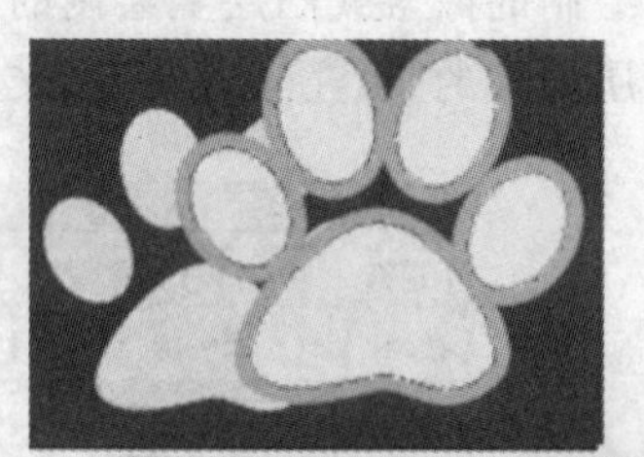

图 4－17 图层正片叠底后的效果

颜色加深:查看每个通道中的颜色信息,通过增加对比度使基色变暗以反映混合色(图 4－18),与黑色混合后不产生变化。

线性加深:查看每个通道中的颜色信息,通过减小亮度使基色变暗以反映混合色。上一步实例使用线性加深后效果和图 4－18 差不多。

变亮:查看每个通道中的颜色信息,选择基色或混合色中较亮的颜色作为结果色。比混合色暗的像素被替换,比混合色亮的像素保持不变。

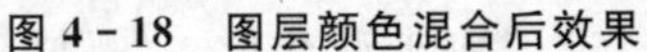

图 4-18　图层颜色混合后效果

图 4-19　图层变亮后效果

滤色(屏幕):查看每个通道的颜色信息,将混合色的互补色与基色混合,结果色总是较亮的颜色。用黑色过滤时颜色保持不变,用白色过滤将产生白色。此效果类似于多个摄影幻灯片在彼此之上投影。

图 4-20　图层过滤后的效果

颜色减淡:查看每个通道中的颜色信息,通过减小对比度使基色变亮以反映混合色,与黑色混合则不发生变化。

线性减淡:查看每个通道中的颜色信息,通过增加亮度使基色变亮以反映混合色,与黑色混合则不发生变化。

叠加:复合或过滤颜色具体取决于基色。图案或颜色在现有像素上叠加同时保留基色的明暗对比不替换基色(图 4-21),但基色与混合色相混以反映原色的亮度或暗度。

图 4-21　图层叠加效果

柔光:使颜色变亮或变暗具体取决于混合色,此效果与发散的聚光灯照在图像上相似。如果混合色(光源)比 50% 灰色亮,则图像变亮就像被减淡了一样;如果混合色(光源)比 50% 灰色暗,则图像变暗就像加深了。用纯黑色或纯白色绘画会产生明显较暗或较亮的区域,但不会产生纯黑色或纯白色(图 4-22)。

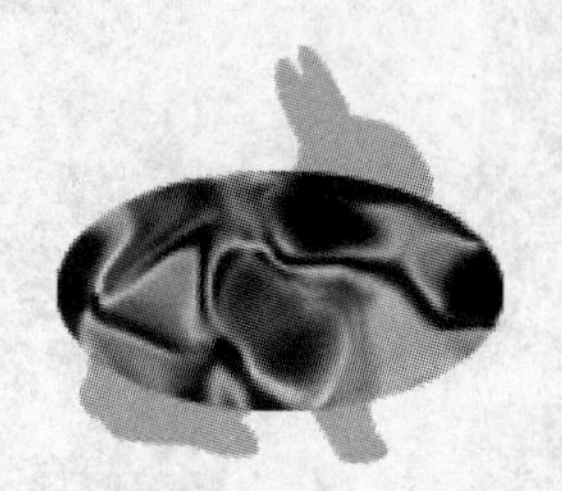

图 4-22 图层柔光效果

强光:复合或过滤颜色具体取决于混合色,效果与耀眼的聚光灯照在图像上相似。如果混合色(光源)比 50% 灰色亮,则图像变亮就像过滤后的效果;如果混合色(光源)比 50% 灰色暗,则图像变暗就像复合后的效果。用纯黑色或纯白色绘画会产生纯黑色或纯白色。

亮光:通过增加或减小对比度来加深或减淡颜色具体取决于混合色。如果混合色(光源)比 50% 灰色亮,则通过减小对比度使图像变亮;如果混合色(光源)比 50% 灰色暗,则通过增加对比度使图像变暗。

线性光:通过减小或增加亮度来加深或减淡颜色具体取决于混合色。如果混合色(光源)比 50% 灰色亮,则通过增加亮度使图像变亮;如果混合色(光源)比 50% 灰色暗,则通过减小亮度使图像变暗。继续上一个实例看看使用线性光之后的混合效果。

点光:替换颜色具体取决于混合色。如果混合色(光源)比 50% 灰色亮,则替换比混合色暗的像素,而不改变比混合色亮的像素;如果混合色(光源)比 50% 灰色暗,则替换比混合色亮的像素,而不改变比混合色暗的像素。这对于向图像添加特殊效果非常有用。

差值:查看每个通道中的颜色信息,从基色中减去混合色,或从混合色中减去基色,具体取决于哪一个颜色的亮度值更大。与白色混合将反转基色值,与黑色混合则不产生变化。

排除:创建一种与"差值"模式相似但对比度更低的效果。与白色混合将反转基色值,与黑色混合则不发生变化。

色相:用基色的亮度和饱和度以及混合色的色相创建结果色。

饱和度:用基色的亮度和色相以及混合色的饱和度创建结果色。在无(0)饱和度(灰色)的区域上用此模式绘画不会产生变化。

颜色:用基色的亮度以及混合色的色相和饱和度创建结果色,这样可以保留图像中的灰阶,并且对于给单色图像上色和给彩色图像着色都会非常有用。

亮度:用基色的色相和饱和度以及混合色的亮度创建结果色。此模式创建与"颜色"模式相反的效果。

第六节 调整和填充图层

1. 选择图层

如果图像有多个图层,必须选取要使用的图层才能正常地修改图层上的图像。对图像所做的更改只影响这一个图层。一次只能有一个图层成为可编辑的图层,这个图层的名称会显示在文档窗口的标题栏中,在图层调板中该图层旁边会出现画笔图标。

2. 隐藏、显示图层内容

在我们不需要对某些图层上的内容进行修改时,可以将这些图层上的内容隐藏起来,设计调板上只留下要编辑的图层内容,这样一来就可以更清楚地对作品作修改了。在图层调板中每个图层的最左边有一个眼睛标志,点击这个图标可以隐藏或显示这个层,就如同电灯开关一样。如果在某一图层的眼睛图标处按下鼠标拖动,所经过的图层都将被隐藏,再次点击该处可以重新显示内容(图 4-23)。

按照此方法同时可以改变多个图层的可视性。

3. 更改图层顺序

在图层调板上排列的图层一般是按照我们操作的先后顺序堆叠的,但很多时候我们还需要更改它们的上下顺序以便达到设计的效果。更改方法:可以在图层调板中将图层向上或向下拖移,当显示的突出线条(图 4-24)出现在要放置图层或图层组的位置时松开鼠标按钮即可。

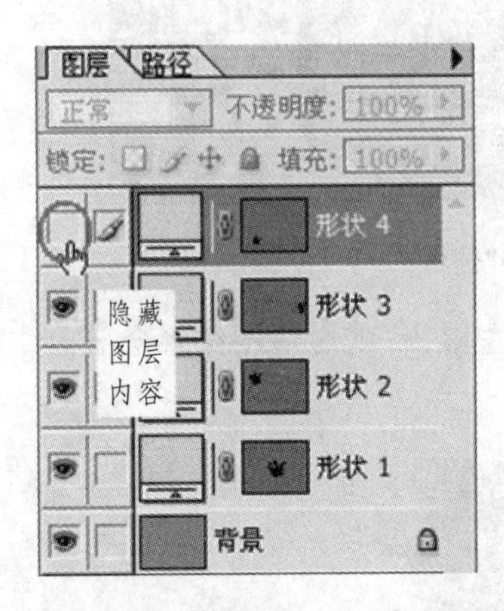

图 4-23　“隐藏图层内容”选项

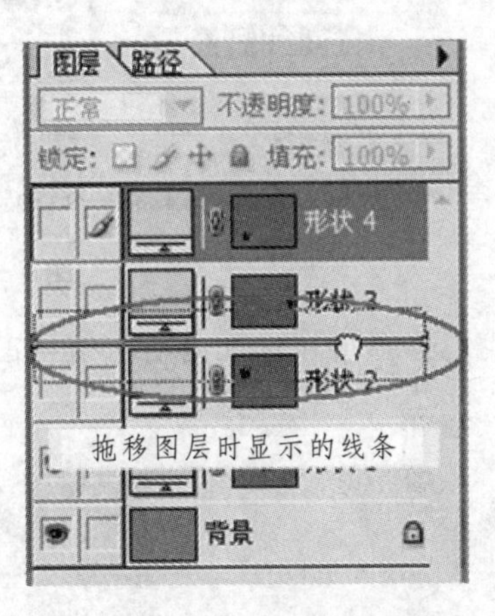

图 4-24　“更改图层顺序”选项

如果是要将单独的图层移入图层组中,直接将图层拖移到图层组文件夹即可。

4. 链接图层

Photoshop 提供了图层链接功能,这个功能通俗来说就是将几个图层用链子锁在一起,这样即使只移动一个层,其他与其处在链接状态的图层也会一起移动。将两个或更多的图层链接起来,就可以同时改变它们的内容了。从所链接的图层中还可以进行复制、粘贴、对齐、合并、应用变换和创建剪贴组等操作,点击紧靠隐藏/显示图层内容的眼睛图标旁边的空格,空格中会出现链接图标(图 4-25)。

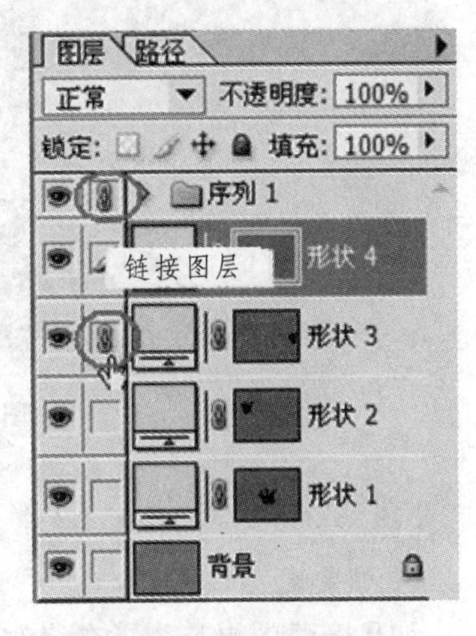

图 4-25　“链接图层”选项

解除图层链接的方法是选择处在链接中的图层后,点击图层调板下方的链接按钮。允许在选择多个图层后同时解除它们的链接。

5. 调整图层内容

在图层操作中可以使用移动工具来调整图层的内容在设计界面中的位置,还可以应用"图层"菜单中的对齐和分布图层命令来排列这些内容的位置。

例如要将图层的内容与选区边框对齐,应先在图像中建立选区,然后选择图层(要处理多个图层内容使用链接图层方式),最后选择"图层"菜单下的"与选区对齐"下的对齐方式(图 4 - 26)。

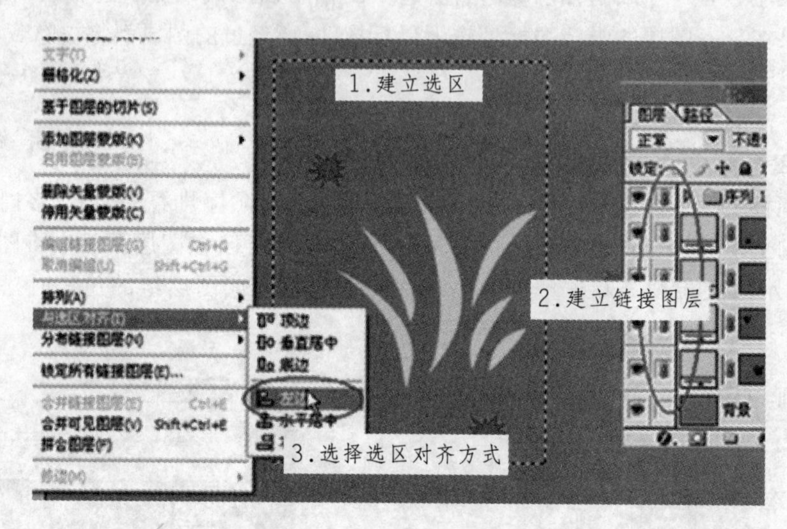

图 4 - 26 "图层对齐"选项

如我们选择了在选区内所有链接的图层内容向左对齐,则这些图像将全部向左靠拢(图 4 - 27)。

图 4 - 27 图层内容左对齐效果

提示:对齐和分布命令只影响所含像素的不透明度大于 50% 的图层。

6. 锁定图层

如果隐藏图层是为了在修改的时候保护这些图层不被更改的话,锁定图层则是最彻底的保护办法。在图层调板中有一个像"锁"一样的图标,选中要锁定的图层点击这个图标就可以锁定图层了，图层锁定后图层名称的右边会出现一个“锁”图标（图 4－28）。当图层完全锁定时“锁”图标是实心的，当图层部分锁定时“锁”图标是空心的。

“锁”图标是完全锁定图层，除此之外还可以锁定像素、锁定像素的位置等。如图 4－29 所示，使用锁定像素位置按钮，图层的锁定图标是空心的呈半锁定状态。

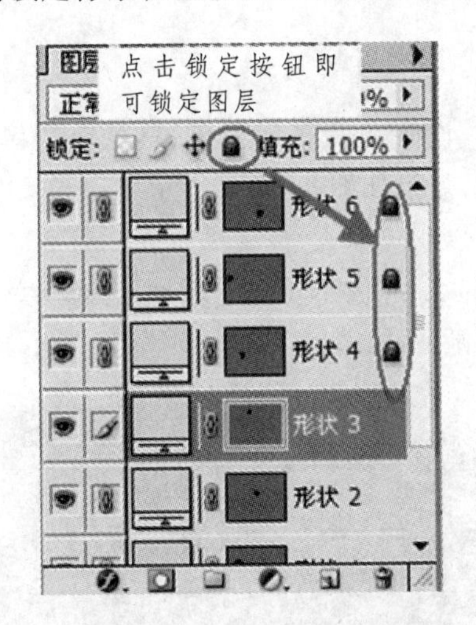

图 4－28　“图层锁定”选项

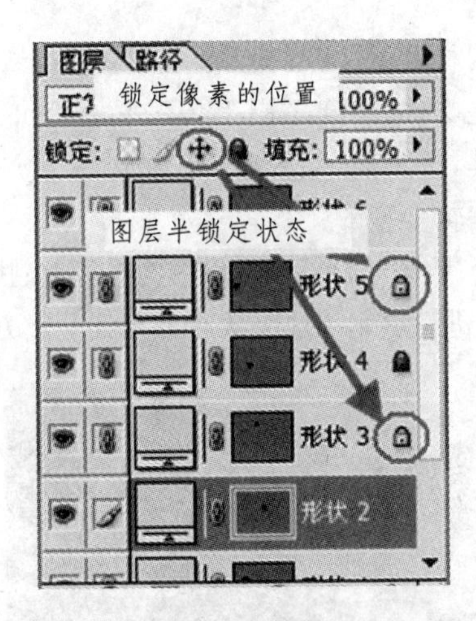

图 4－29　“像素位置锁定”选项

用笔刷绘画的像素为了防止它被修改，可以使用“锁定图像像素”按钮来将图层变为半锁定状态（图 4－30）。

另外图层调板的锁定列表中还有一个图标（图 4－31）是“锁定透明像素”按钮，它将编辑操作限制在图层的不透明部分。

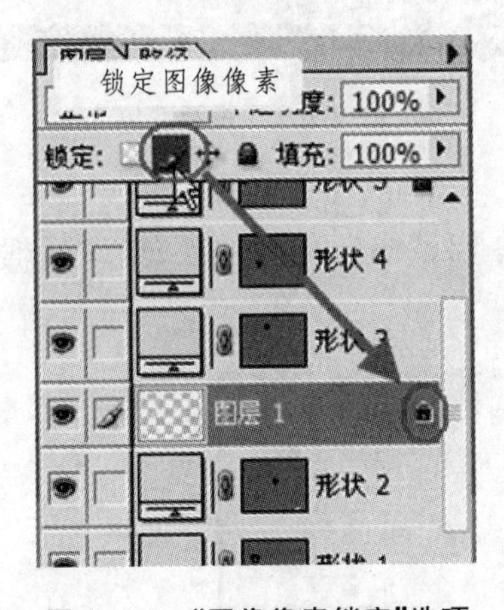

图 4－30　“图像像素锁定”选项

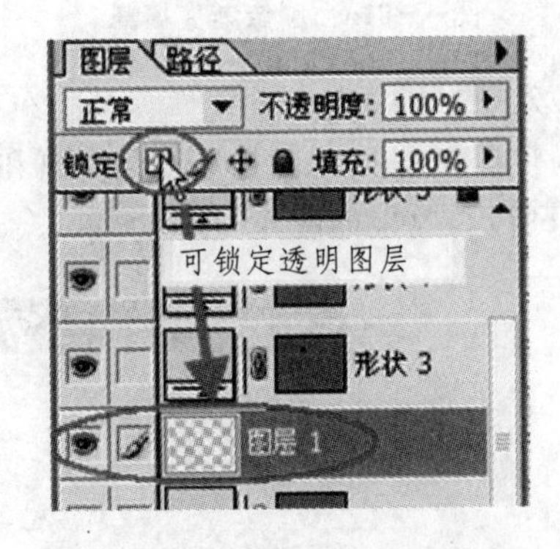

图 4－31　“透明像素锁定”选项

如果开启锁定全部🔒，那么这个图层既无法绘制也无法移动，并且无法更改图层不透明度和图层混合模式。

操作练习题

一、方形按钮的制作

解答:

(一)素材背景

1. 新建文件,新建图层 Layer 1,建立正方形选区,设置前背景为白色、背景色为黑色。选择渐变工具,按"Shift"键从左上方到右下方填充渐变,效果如图 4 - 01a 所示。

(二)编辑变换

2. 执行"收缩"命令,参数设置为 5 像素;执行"羽化"命令,参数设置为 1 像素,选择渐变工具,与前步骤一样进行填充。这次从右下方到左上方反相填充渐变,取消选区,如图 4 - 01b 所示。

图 4 - 01a　图像渐变填充

图 4 - 01b　反相渐变填充

(三)效果修饰

3. 调整按钮的颜色。执行色相/饱和度调整命令调整各种不同的颜色,对话框设置如图 4 - 01c所示,效果如图 4 - 01d 所示。

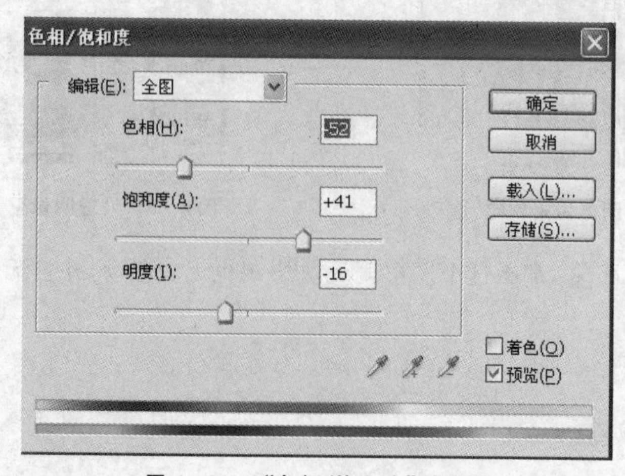

图 4 - 01c　"色相/饱和度"对话框

图 4-01d　方形按钮的形成

4. 增加阴影效果。双击图层 Layer 1，设置阴影，输入文字，回形按钮效果如图 4-01e 所示。

图 4-01e　回形按钮的形成

(四)发布网页

5. 从 Photoshop 跳转到 ImageReady 软件，优化图像添加链接 http://www.bhp.com.cn，形成网页按钮。

6. 将文件以 Xps4-01 的 HTML 或 Gif 网页格式保存在考生文件中。

二、人物手臂花纹效果的制作

解答：

(一)建立图层

1. 打开素材文件，用套索工具建立如图 4-02a 所示的选区。

2. 新建图层命名为 Layer 1，用白色填充选区，再把选区向下、向右各移动一个像素，填充深灰色，然后将图层模式设为“强光(Hard Light)”，效果如图 4-02b 所示。

图 4-02a　套索工具勾画选区

图 4-02b　选区移动并填充

(二)图层效果

3. 双击图层 Layer 1,打开“图层样式”对话框选择“内阴影效果”选项,参数设置根据花纹的深度而定,如图 4-02c 所示。

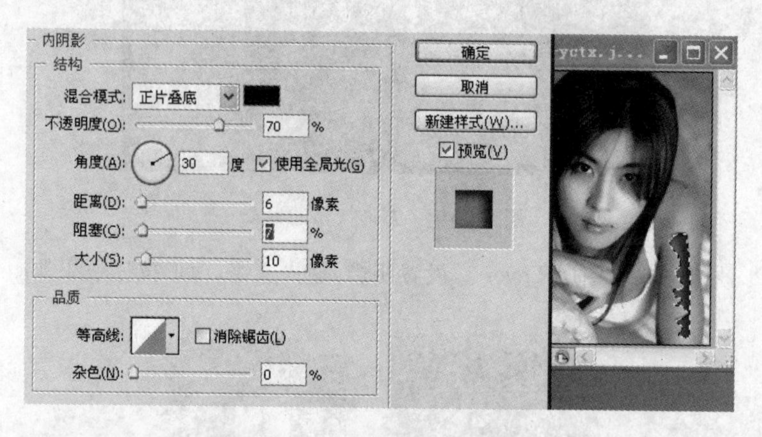

图 4-02c　内部阴影效果处理

4. 新建图层命名为 Layer 2,用笔画喷枪修饰一下,也可以把花纹复制一个图层,适当地调整移动到适合的位置,效果如图 4-02d 所示。

5. 将文件以 Xps4-02.psd 的文件名保存在考生文件夹中。

图 4-02d　手臂花纹效果

三、制作鸡蛋眼睛效果

解答:

(一)建立图层

1. 打开眼睛的素材文件,见图 4-03a,将周围不需要的地方用橡皮擦(羽化值大一点)细细擦除,做点夸张的变形,效果如图 4-03b 所示。

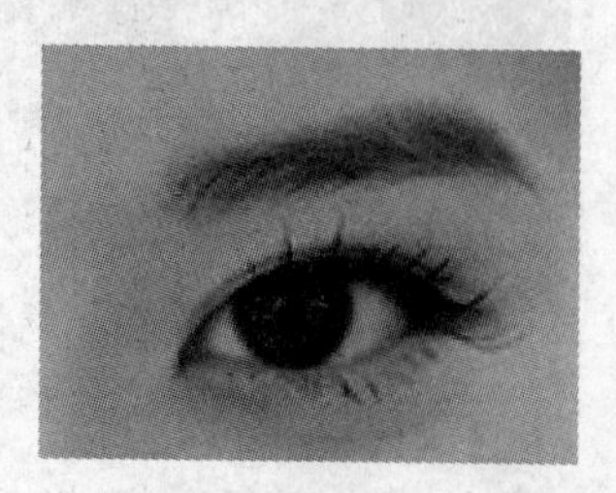

图 4-03a　眼睛的素材图

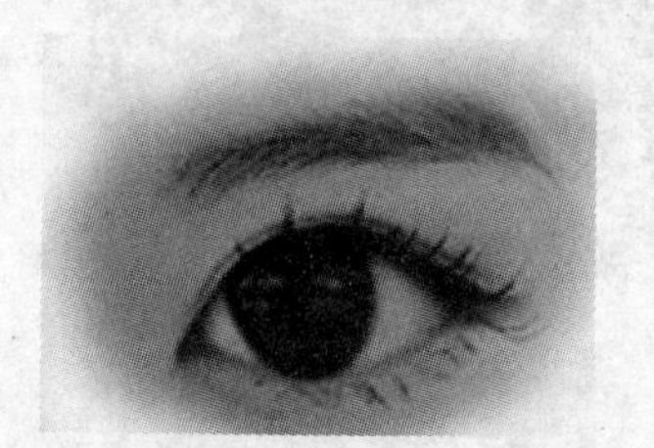

图 4-03b　对眼睛进行处理

3. 打开鸡蛋的素材图，将处理过的眼睛素材放在鸡蛋黄图片上，调整二者的位置，用曲线调整眼睛的明暗度，效果如图 4－03c 所示。

（二）图层效果

4. 观察眼睛图层有没有和鸡蛋图层融合，将眼睛图层模式设为“正片叠底”，使鸡蛋纹理比较明显，效果如图 4－03d 所示。

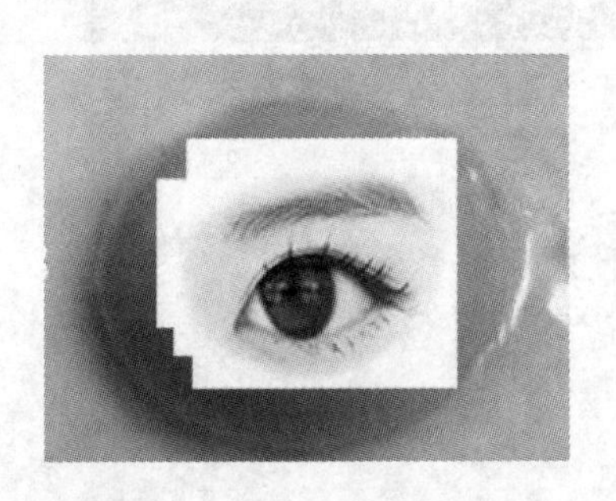

图 4－03c　两幅图位置和明暗度调整

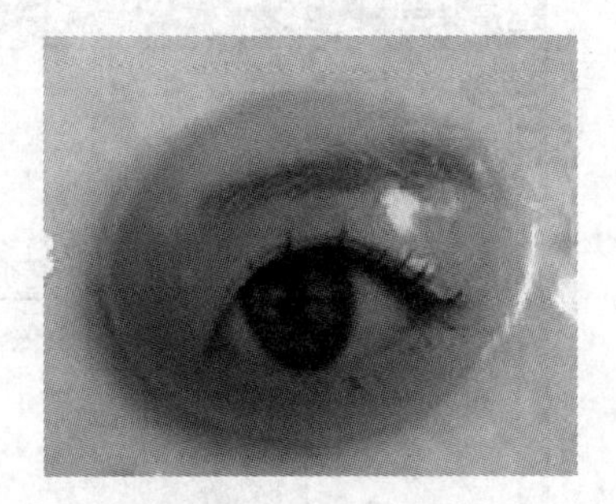

图 4－03d　改变图层模式

（三）图层模式

5. 将鸡蛋图层复制成新的图层，并移到眼睛图层上面，改变复制鸡蛋图层的图层模式为颜色，并将不透明度降到 73%，这样眼睛就好像和鸡蛋重合了，效果如图 4－03e 所示。

（四）效果修饰

6. 观察发现图像中眼珠颜色也变成了鸡蛋的颜色，这样这幅图就没有焦点了。将眼珠选取，然后复制成新图层，将这个图层放到眼睛图层和鸡蛋复制图层之间，用“色相/饱和度”调整其颜色，改变图层混合模式为“正片叠底”。用曲线调整图层饱和度，效果如图 4－03f 所示。

7. 将文件以 Xps4－03. psd 的文件名保存在考生文件夹中。

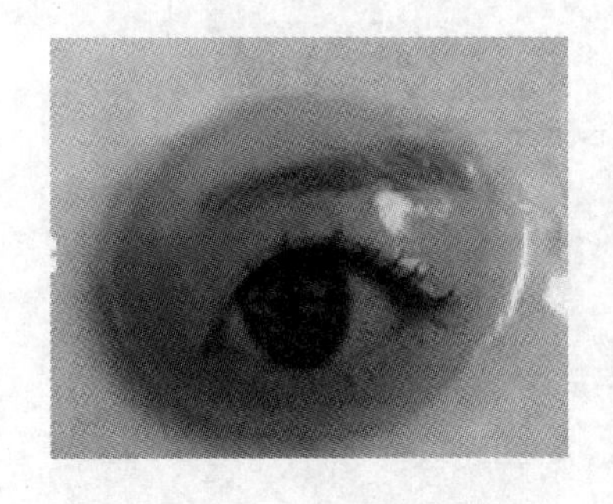

图 4－03e　复制图层并合并

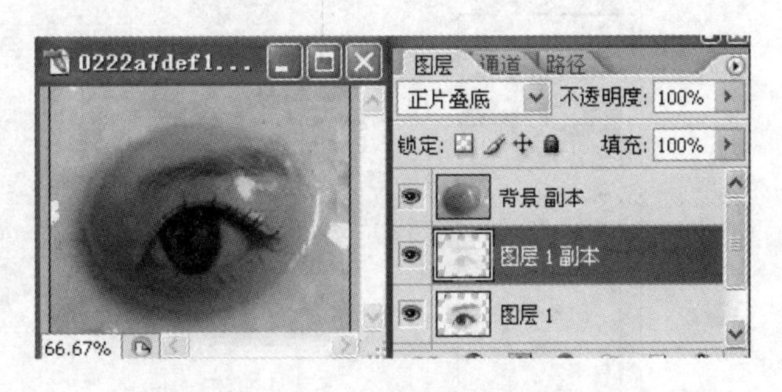

图 4－03f　鸡蛋眼睛效果

四、制作“photoshop”文字效果

解答：

1. 新建宽度为 16 厘米、高度为 5.4 厘米、分辨率为 200 像素、颜色模式为 RGB、背景为白色的文件。

2. 选择“文字工具”，设置字体为“Cooper Black”，字体大小为 70，在画面中输入文字“Photoshop”。

photoshop

3. 首先在文字层执行“图层/栅格化/文字”命令。

4. 选择菜单栏中的“图层/图层样式”命令，弹出“图层样式”对话框，设置“渐变叠加、投影、内阴影、外发光、内发光、斜面和浮雕”各参数，数值如图 4-04a、4-04b、4-04c、4-04d、4-04e、4-04f 所示。(注：颜色可自由设置)

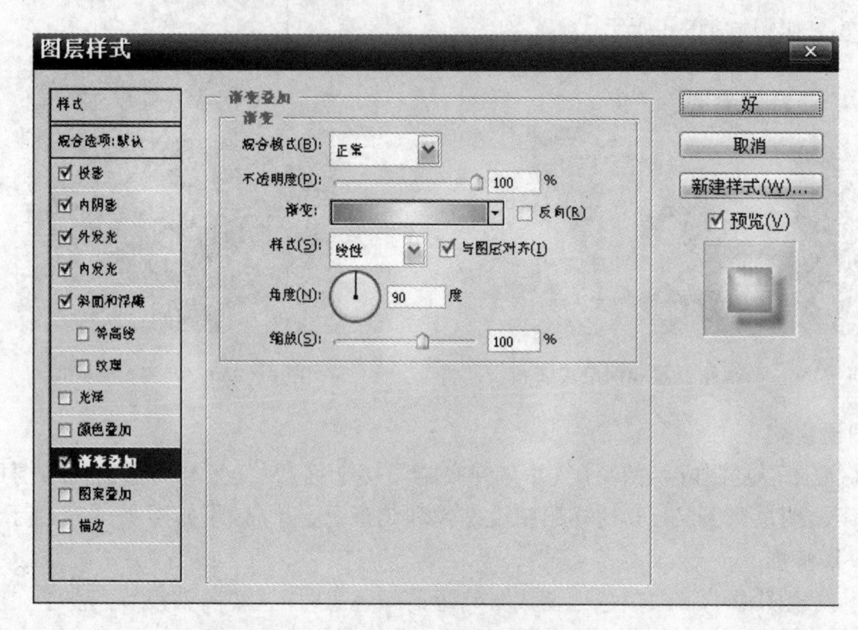

图 4-04a 设置“渐变叠加”参数

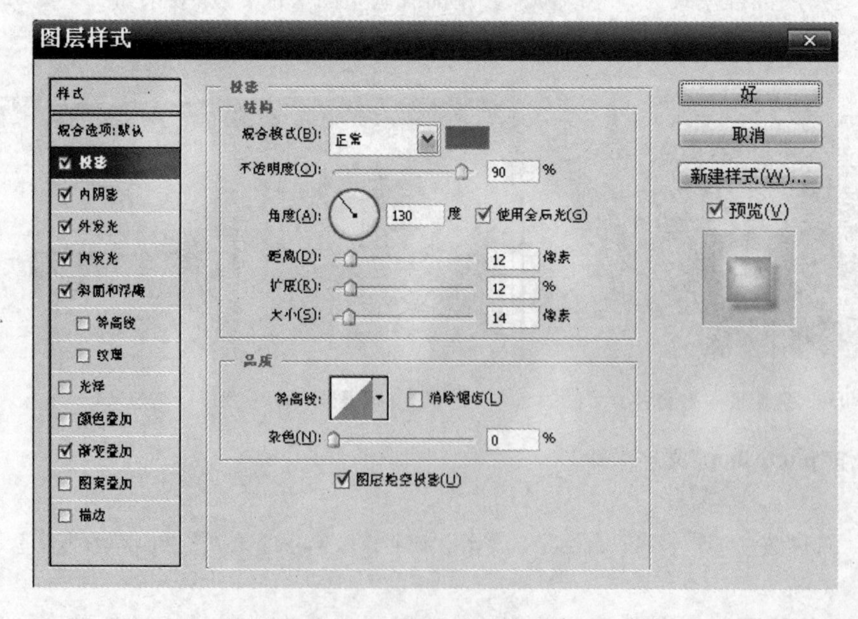

图 4-04b 设置“投影”参数

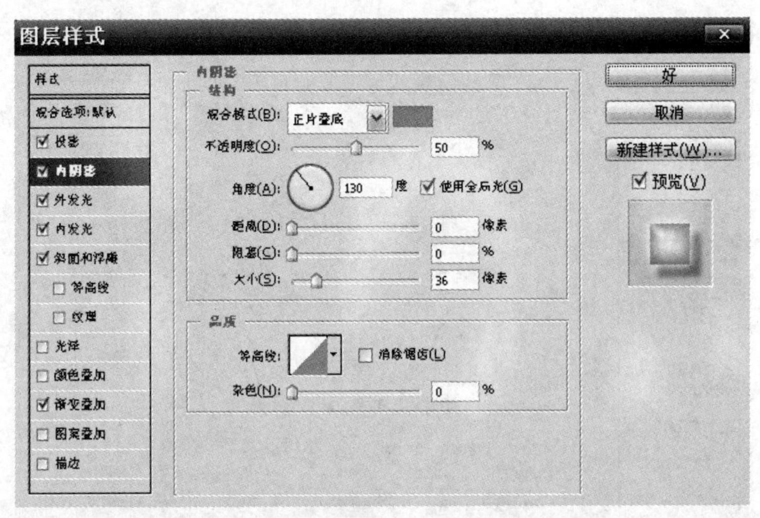

图 4－04c　设置“内阴影”参数

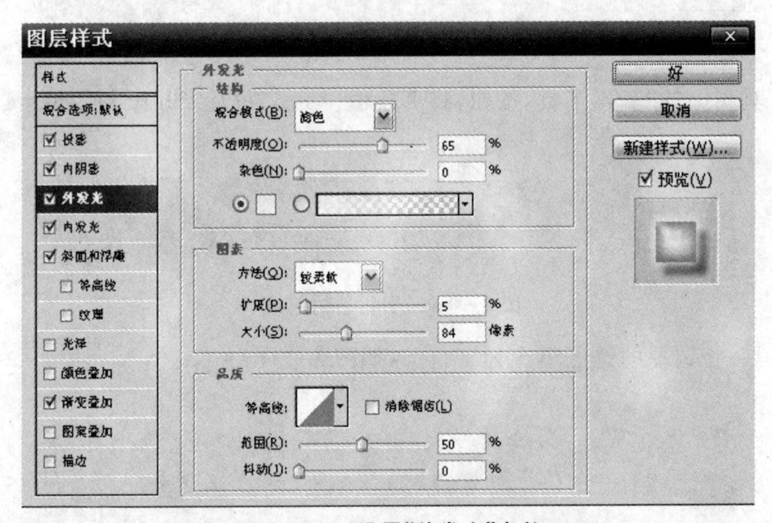

图 4－04d　设置“外发光”参数

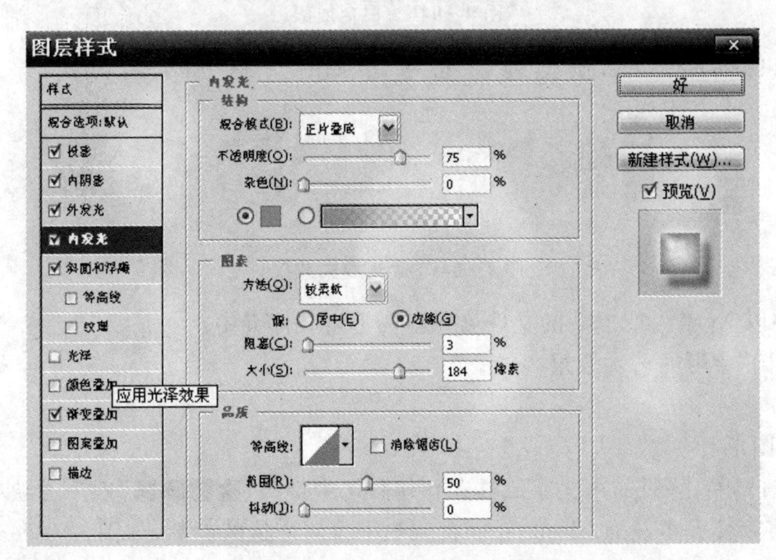

图 4－04e　设置“内发光”参数

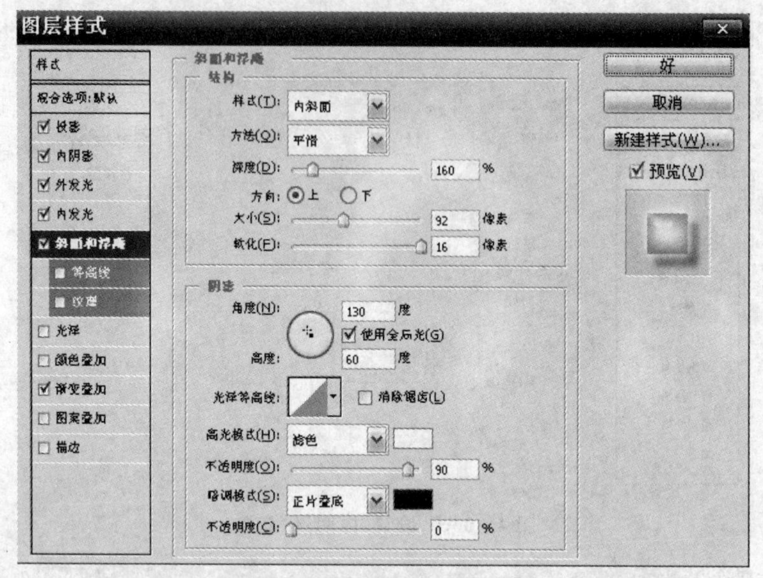

图 4-04f　设置"斜面和浮雕"参数

5. 选择工具箱中的"套索工具"按钮,将羽化值设为 4,按住"Shift"键,如图 4-04g 所示。

图 4-04g　羽化后的效果

6. 新建一层,将选取的选区填充为"白色",如图 4-04h 所示。

图 4-04h　白色效果

7. 设置白色图层的"混合模式"为"柔光"模式,如图 4-04i 所示。

图 4-04i　柔光模式效果

8. 将文件以 Xps4-04.psd 的文件名保存在考生文件夹中。

五、制作"田"字形的艺术效果

解答:

(一)绘制图形

1. 新建文件,新建图层,用文字工具在新建图层中键入"■■■■"四个方块字符号,排列成"田"字形,将字体大小设为 450pt,在字符调板中设置合适的参数,如图 4-05a 所示。

2. 选择字体,打开"变换文字"对话框,在下拉列表中选择"旗帜变形",弯曲值设置为

+20,如图 4-05b 所示。

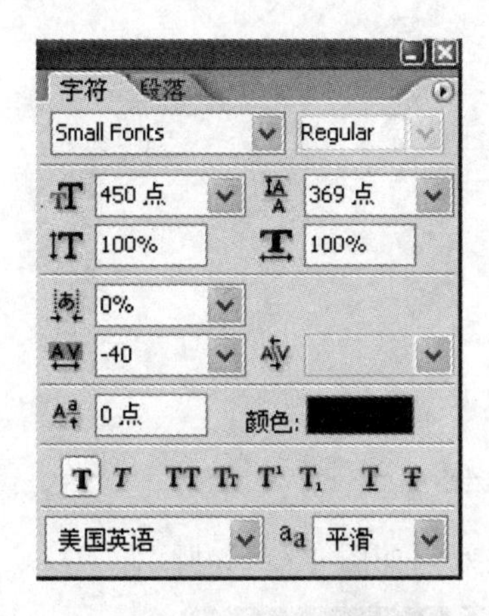

图 4-05a　"字符"参数设置

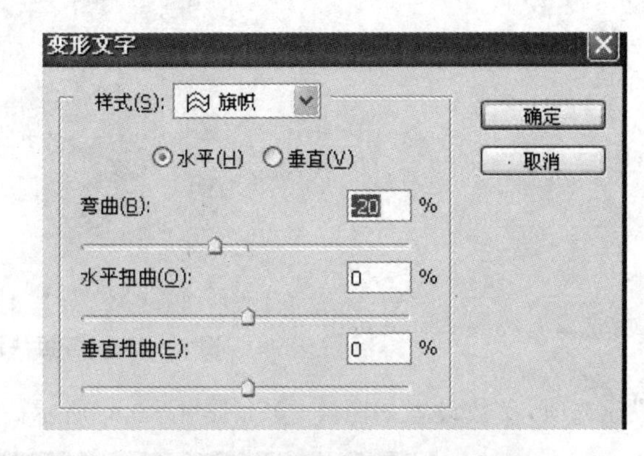

图 4-05b　"变形文字"弯曲值设置

(二)填充图形

3. 对变形符号字颜色,依次填充的颜色值为 # FF6E0E、# A8DE4O、# 9E0AFB、# FBF812,效果如图 4-05c 所示。

(三)编辑变换

4. 制作光影效果:用魔棒工具选择其中一个板块,单击图层调板上的调整框,选择渐变,渐变参数设置如图 4-05d 所示。

图 4-05c　变形后的字体填充颜色

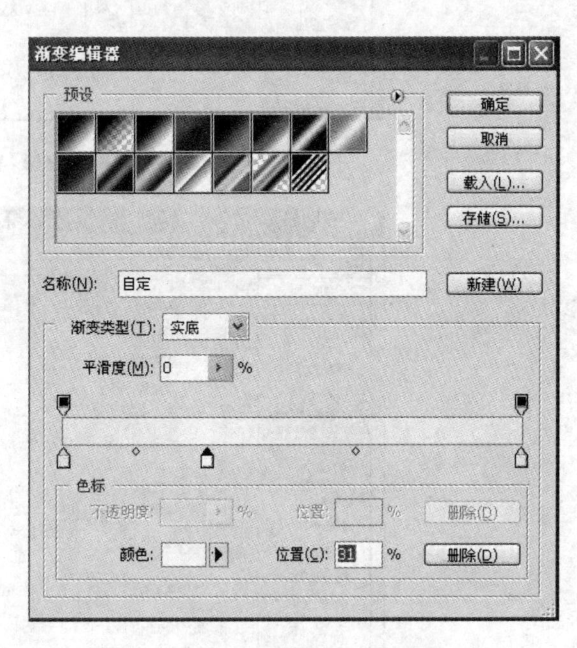

图 4-05d　"渐变"参数设置

5. 渐变调整效果如图 4-05e 所示。

6. 标志图形的立体效果:拼合所有图层,图形的边缘有明显的锯齿,可以对图形进行羽化边缘,取羽化值为 1 个像素,使之边缘更平滑柔和。然后对图形进行自由变换,将图形旋转一定角度,并进行一定的拉伸,双击图层。在打开"图层样式"对话框中选择"斜面和浮雕"、"投

图 4-05e 各板块调整渐变

影”等选项,参数设置如图 4-05f、图 4-05g 所示。图层效果如图 4-05h 所示。

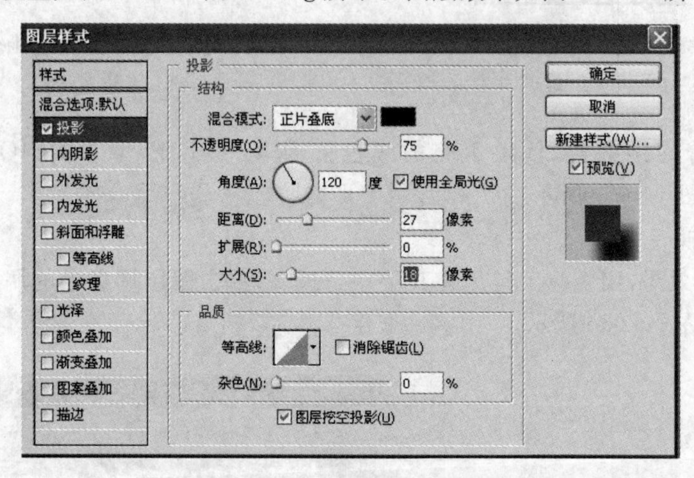

图 4-05f “投影”参数设置

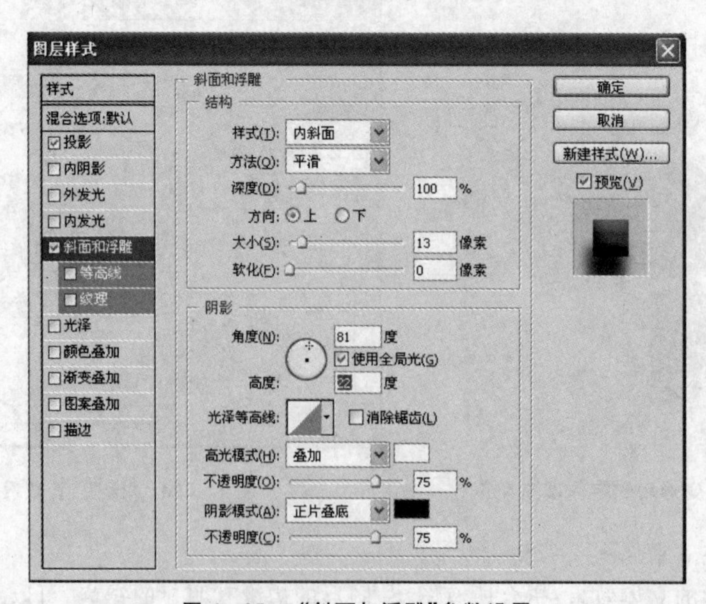

图 4-05g “斜面与浮雕”参数设置

(四)效果修饰

7. 制作背景图:只有标志太单调,可以对整幅图形进行修饰。将新建图层作为背景层,根据个人喜好修改添加文字，视窗效果如图 4－05i 所示。

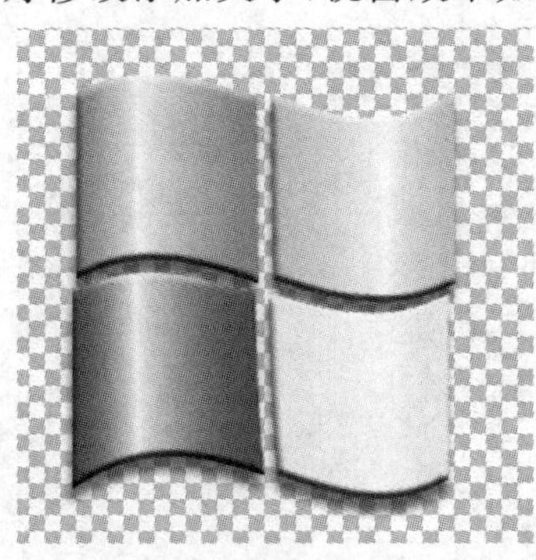

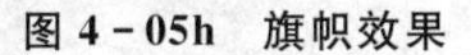

图 4－05h　旗帜效果　　　　图 4－05i　视窗效果

8. 将文件以 Xps4－05. psd 的文件名保存在考生文件夹中。

六、为图形添加炫彩效果

解答：

1. 打开一个新文档，将准备好的素材导入，如图 4－06a 所示。

图 4－06a　原始素材

2. 创建一个新图层（放在上方），同时填充为白色。
3. 使用“滤镜”|“渲染”|“纤维”，参数设置如图 4－06b 所示。
4. 使用“滤镜”|“模糊”|“动感模糊”，并设置参数如图 4－06c 所示。

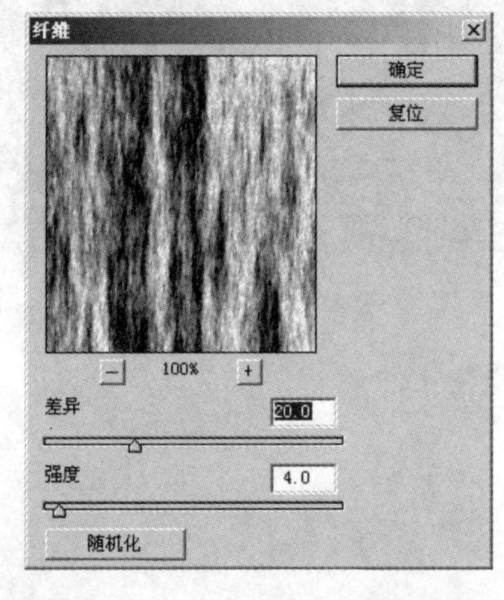

图 4－06b　“滤镜纤维”参数设置

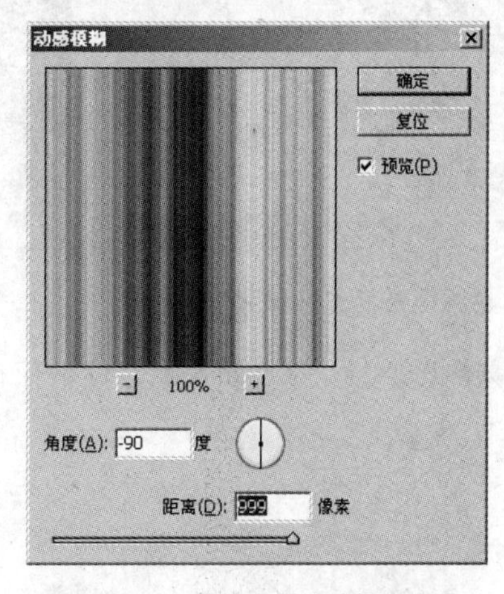

图 4－06c　“动感模糊”参数设置

5. 使用图 4 - 06d 所示的参数设置应用一个渐变叠加效果。

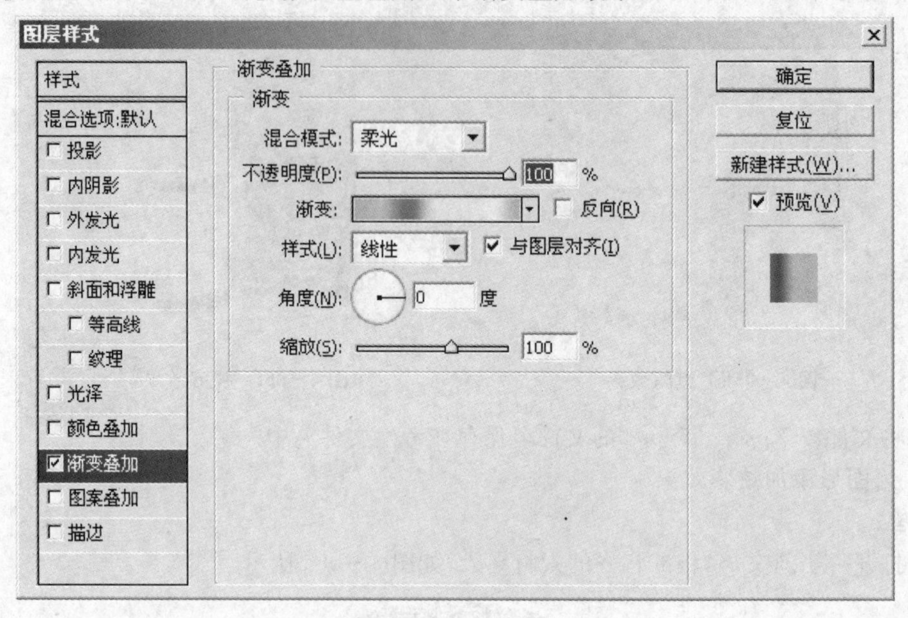

图 4 - 06d “渐变叠加”参数设置

6. 将此图层转变为智能对象,并复制这个图层,设置其图层混合模式为叠加模式,同时对其“使用滤镜”|“其他”|“高反差保留”,参数设置如图 4 - 06e 所示。

7. 最终效果如图 4 - 06f 所示。

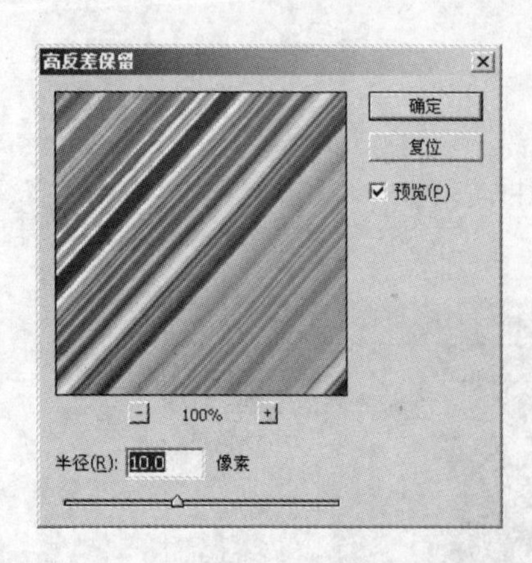

图 4 - 06e “滤镜高反差保留”参数设置

图 4 - 06f 最终效果

8. 将文件以 Xps4 - 06. psd 的文件名保存在考生文件夹中。

第五章　修补工具和图章工具

工具箱中有修补工具和图章工具，其中修补工具主要是对照片进行修补处理，包括消除杂点、划痕和红眼问题等。除了对图像缺陷进行修补，修补工具实际上还是较高级的复制图像的工具。工具箱中的图章工具也是一组复制图像的工具。这两组工具最主要的区别就在于使用修补工具复制过来的图像能与原图像自然融合，而使用图章工具复制的图像与原图像是以正常模式结合的。

第一节　修复画笔工具

修复画笔工具实际上就是复制图像中某一点的图像，或复制预先设置好的图案至需要修复的位置，且将复制过来的图像或图案边缘虚化并与要复制的图像按指定的模式进行混合。混合的图像不改变需要修复图像的明暗，从而达到最佳的修复效果。

1. 修复画笔工具的选项

在工具箱中选择工具，选项栏如图 5－1 所示。

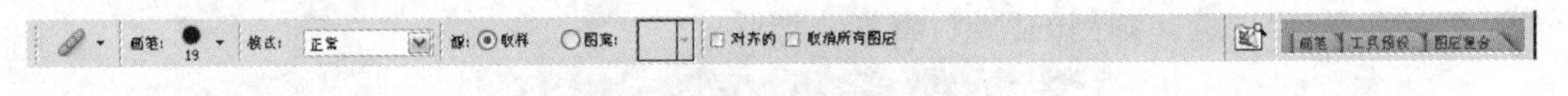

图 5－1　“修复画笔”工具选项栏

2. 练习使用修复画笔工具

在进行污损照片的处理时，工具主要用于消除图像中小范围内的杂点、划痕或者污渍等。但工具不是只能用于污损照片的处理，它还可以用于其他方面。

打开文件，这是一幅照片，照片上角有一些污迹。

(1)选择工具箱中的工具,设置选项栏为合适的画笔大小,设置“源”为“取样”选项。

(2)按住键盘上的“Alt”键,在完好背景上进行取样。

(3)在污迹处依次单击,将这些污迹去除。

注意:也可先在背景污迹处,建立一选区,羽化后,再使用“修复画笔”工具进行修复。这种先建立选区的方法,适用于可能是需要跨越两种以上不同颜色或图像的杂点或痕迹。

如要处理跨越两种以上不同颜色或图像的杂点或痕迹时,需要分别选择划痕不同的部分进行修复以免造成不同颜色和图像相互混杂。例如要处理下图划痕时,就需要先选择左侧的区域,将划痕清除,再选择右侧的区域,将划痕清除。

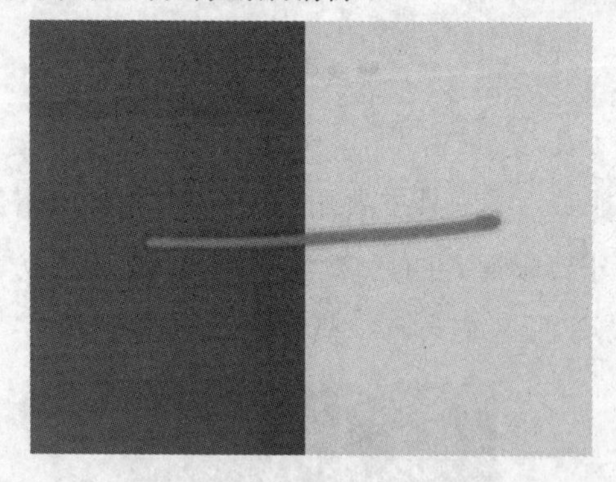

第二节 修补工具

使用修补工具修补图像时,我们称需要修补的图像为源图像,把用来修改源图像的图像称为目标图像。

1. 修补工具的选项栏

在工具箱中选择工具,选项栏如图 5 - 2 所示。

图 5 - 2 “修补”工具选项栏

选择“源”选项，在图像中选择要修复的图像，然后将其拖曳至相似的图像处进行修复。

选择“目标”选项，在图像中选择与要修复的图像相似的部分，然后将其拖曳至要修复的图像处进行修复。

2. 练习使用修补工具

工具和工具都是用于修补图像的，工具主要用于对细节的修改，工具主要用于对较大范围图像的修改。下面就做一个简单的练习，来学习工具的使用。

(1)打开一文件，我们可以看到画面上有一只极不协调的野鸭子，现在我们通过练习使用修补工具将它去除。

(2)在工具箱中选择工具。

(3)在“修补”工具的选项栏中，设置“修补”为“源”选项。(因为选择了“源”选项，所以在图像中要先选择需要修复的图像，选择时要尽可能选择较少的图像)

(4)在图像中需要修改的部分周围拖曳鼠标，建立如下图所示的选区。

(5)将鼠标光标移动至选区内，拖曳选区内图像至右侧虚线框所示的位置，松手，得到下图。

第三节　仿制图章工具

仿制图章工具和图案图章工具一样，主要是通过在图像中选择印制点或设置图案对图像进行复制。

1. 仿制图章工具的选项

利用仿制图章工具可以在图像中复制图像。

工具的操作方法是，按住键盘上的“Alt”键不放，在图像中对要复制的部分单击即可取得这部分作为样本，在目标位置处单击或拖曳鼠标，即可将取得的样本复制到目标位置。在工具箱中选择工具，其选项栏如图 5－3 所示。

图 5－3　“仿制图章”工具选项栏

在进行复制时，注意观察图像窗口中有一个“＋”字形光标，工具就是将该图标所在位置的图像复制到当前鼠标光标所在的位置上。

在进行图像复制的过程中，如果感到正在使用的笔型过大或太小，可以根据实际情况随时在选项栏上更换适当大小的画笔。选用带虚边的画笔，可以使复制图像与原图结合得更加自然。

在进行不对齐复制时，如果想再复制其他部分的图像，只要按住键盘上的“Alt”键，在需要复制的图像上重新定义一个起点。

利用工具复制图像，可以在一幅图像中进行，也可在多幅图像间进行。

2. 练习使用仿制图章工具

(1)打开文件，这是一幅人物照片，女孩脸上有一些痘痘。

(2)选择工具箱中的，设置选项栏为合适的画笔大小。按住键盘上的“Alt”键，在完好皮肤上进行取样。在痘痘处依次单击，将这些痘痘去除。

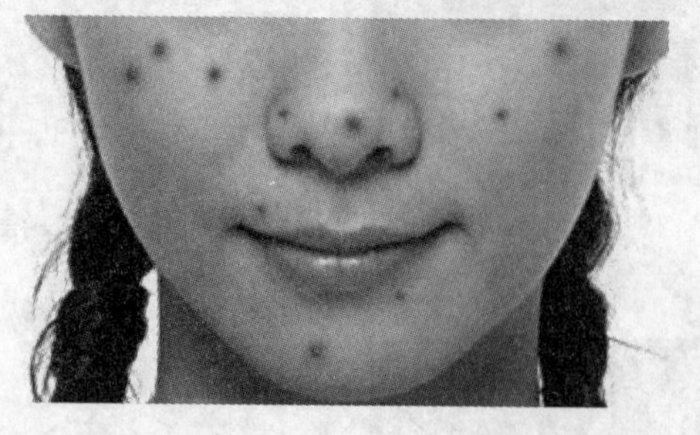

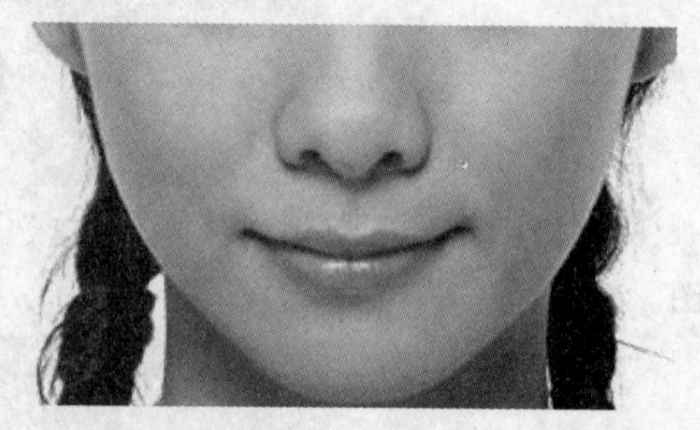

第四节　图案图章工具

1. 图案图章工具的选项

图案图章工具不是复制图像中的内容，而是复制已有的“图案”。在工具箱中选择工具，其选项栏如图 5－4 所示。

图 5-4 “图案图章”工具选项栏

2. 练习使用图案图章工具

工具可以将选定的图案复制到一幅或多幅图像文件中，并且在复制的过程中可以随时在选项栏“图案调板”框中选择其他图案。

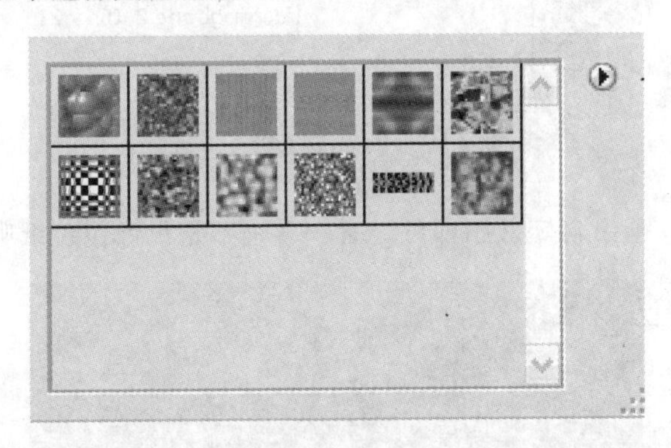

(1)打开一幅要选择定义图案的图像。

(2)选择工具箱中的“矩形选框”按钮，在选项栏中将其“羽化”值设为 0。

(3)在图像中选择要定义图案的部分。

(4)选择"编辑"|"定义图案",在弹出的"图案名称"对话框中设置新定义图案的名称,单击"图案名称"对话框中的"好"按钮,即可将选择区的图像定义为新的图案。

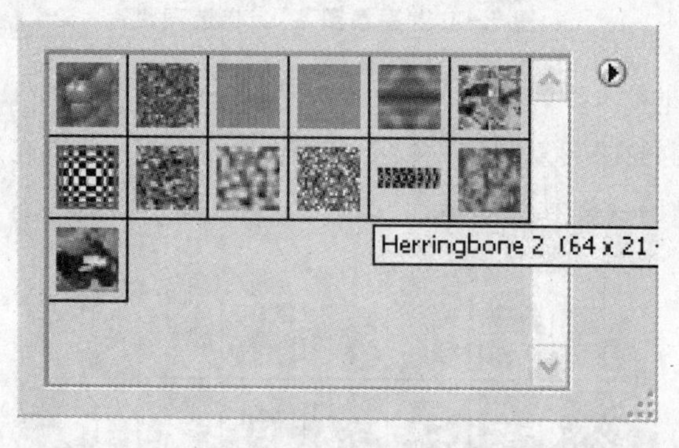

(5)再新建一文件,画出自定义图即可。看一看是不是很像包装纸呢。

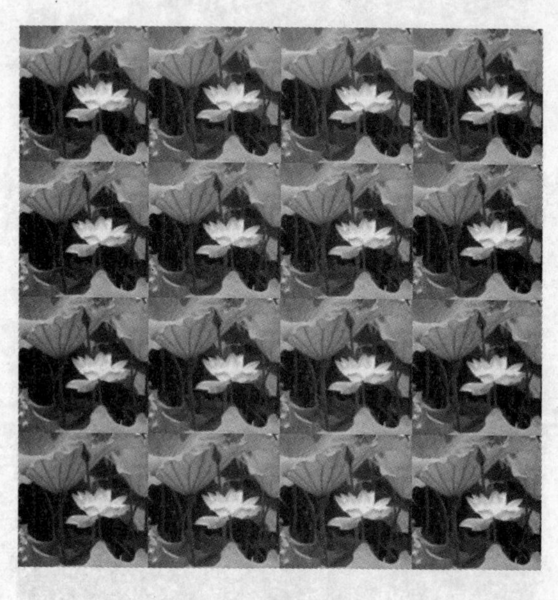

操作练习题

一、制作金属网效果

解答:

(一)建立选区

1. 新建文件。通道调板中,新建通道为 Alpha1,用矩形选择工具建立正方形的选区(10×10 像素),执行描边命令。参数设置:宽度为 1,位置为内部,颜色为白色,如图 5 - 01a 所示。

2. 用键盘上的方向键向右偏移一像素,然后删除,再把选择区退回原来的位置,如图 5 - 01b 所示。

3. 执行"编辑"|"定义图案"命令,然后全选通道 Alpha1,用定义图案①填充,其效果如图 5 - 01c 所示。

图 5-01a　正方形选区描边

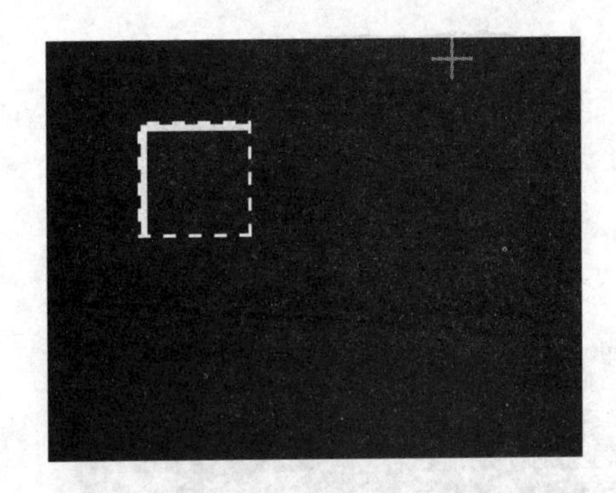

图 5-01b　选区进行偏移

4. 新建通道为 Alpha 2,用矩形选择工具建立大小为 1×10 的选区。选择直线渐变工具,从上到下制作一个渐变色,如图 5-01d 所示。

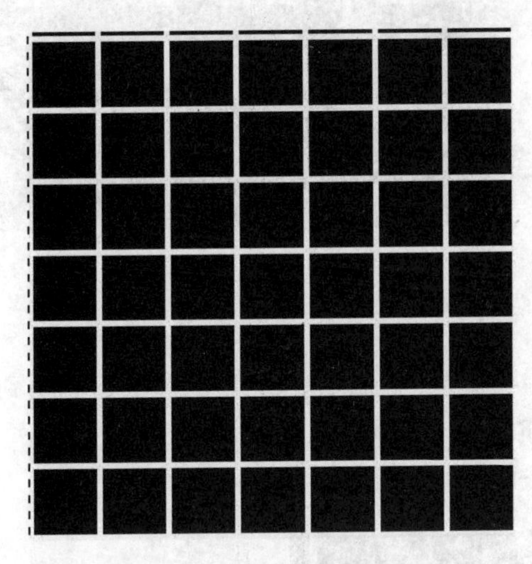

图 5-01c　用定义图案①填充

图 5-01d　选区填充渐变色

(二)修改变换

5. 按"Ctrl+Alt+Shift"组合键复制选区,然后对复制选区旋转 90°,其他几个边框可以复制选区进行水平和垂直反转,效果如图 5-01e 所示。

6. 用矩形选择工具从左上角开始做一个矩形选区,在右边和下边保留一个像素的大小,如图 5-01f 所示。

图 5-01e　拼合图层

图 5-01f　做一个矩形选区

(三)编辑调整

7. 再执行"定义图案"命令,全选通道 Alpha 2,然后用定义图案②填充,如图 5 - 01g 所示。

8. 载入 Alpha 1 选区,然后执行"复制"命令。回到图层调板,粘贴到新的图层,如图 5 - 01h 所示。

图 5 - 01g 用定义图案②填充

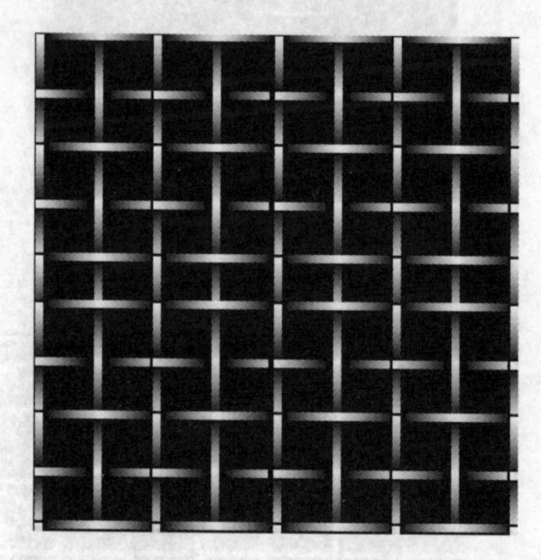

图 5 - 01h 复制通道

(四)效果修饰

9. 在通道调板中,选择通道 Alpha 2,然后执行"复制"命令。回到图层调板,粘贴到新的图层。设定图层的模式为覆盖型,金属网效果如图 5 - 01i 所示。

10. 将文件以 Xps5 - 01. psd 的文件名保存在考生文件夹中。

图 5 - 01i 金属网效果

二、应用图章工具去除背景文字

解答:

1. 新建一个 600×800 的像素文件,导入图像素材,如图 5 - 02a 所示。

2. 按"Ctrl+L"键复制一层,选择图章去除里面的黄字部分,如图 5 - 02b 所示。

3. 复制一层，继续用图章工具去除里面的白字，如图 5－02c 所示。

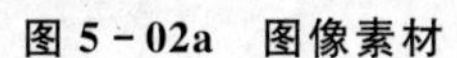
图 5－02a　图像素材

图 5－02b　去除黄字部分

图 5－02c　去除白字部分

4. 做一些细致处理，把图面的整体效果表现出来，如图 5－02d 所示。

图 5－02d　修饰后的图面

第六章　图片修改工具

第一节　分辨率和图像尺寸

1. 显示分辨率

显示分辨率是指显示屏上能够显示出的像素数目。例如，显示分辨率为1024×768表示显示屏分成1024行，每行显示768个像素，整个显示屏就含有786 432个显像点。屏幕能够显示的像素越多，表明显示设备的分辨率越高，显示的图像质量也就越高。

CRT显示器的显示类似于彩色电视机中的CRT。显示屏上的每个彩色像点由R、G、B三种模式信号的相对强度决定，这些彩色像点就构成一幅彩色图像。

2. 图像分辨率

图像分辨率是指组成一幅图像的像素密度的度量方法。对同样大小的一幅图，如果组成该图的图像像素数目越多，则表明图像的分辨率越高，越逼真；反之，图像则越粗糙。

例如一张分辨率为72ppi 400×400的图像和同样一张尺寸为400×400但分辨率为300ppi的图像，在同样放大400%后，可以看到分辨率为300ppi的明显比72ppi的清晰。

分辨率为72ppi的图像　　**分辨率为300ppi的图像**

图像分辨率与显示分辨率是两个不同的概念，图像分辨率是确定组成一幅图像的像素数目，而显示分辨率是显示图像的区域大小。

3. 扫描仪的分辨率

扫描仪的分辨率使用dpi为单位，指的是扫描仪辨识影像细节的能力。我们说某台扫描仪的分辨率为 600dpi，是指用扫描仪输入图像时，在 1 平方英寸的扫描幅面上，可采集到600×600 个像素点。扫描分辨率设得越高，生成的图像的效果就越精细，生成的图像文件也越大。

4. 打印机分辨率

打印机分辨率使用 dpi 为单位，代表着打印机设备打印时的精细程度。例如，我们说某台打印机的分辨率为 360dpi，是指在用该打印机输出图像时，在每英寸打印纸上可以打印出 360 个表征图像输出效果的色点。打印机分辨率的数值越大，表征图像输出效果的色点就越小，输出的图像效果就越精细逼真。

第二节　裁 切 工 具

裁切工具，主要用来将图像中多余的部分剪切掉，在裁切的同时，还可以对图像进行旋转、扭转等变形修改。选择工具的快捷键为“C”键。

在工具箱中选择工具，选项栏如图 6 - 1 所示。

图 6 - 1　“裁切”工具选项栏

(1)“宽度”框和“高度”框用来设置裁剪后的图像在宽度和高度上的像素数。如果不设置这两个值，那么软件将根据裁剪框与原图的比例自动设置裁剪后图像的像素数。单击“宽度”和“高度”两个框之间的“高度和宽度互换”按钮，可以将“宽度”框和“高度”框中的值互换。

(2)“分辨率”框中的值决定裁剪后图像的分辨率，在“分辨率”框中可以选择分辨率的单位。如果不设置“分辨率”值，裁剪后的图像将使用当前图像的分辨率。

(3)单击 前面的图像 按钮，则将当前图像所用的宽度像素数、高度像素数和分辨率的值填到相应的“宽度”、“高度”和“分辨率”框中。

(4)单击 清除 按钮，可清空“宽度”、“高度”和“分辨率”框中的值。

在图像中要保留部分上拖曳鼠标，生成一个“裁切”框，其形态与我们前面所学的对图像进行扭曲变形时的“定界”框相似。此时的选项栏如图 6 - 2 所示。

图 6 - 2　“裁切”框选项栏

(1)在“裁切区域”内点选“删除”选项，则真正将“裁切”框外的部分删除；点选“隐藏”选项，则实际上是裁切画布，图像并没有被裁切，只是将裁切的部分隐藏在画布之外。在图像窗口中移动图像可以显示隐藏的部分。

(2)勾选“屏蔽”选项，图像中将被裁剪掉的区域遮蔽。

(3)“颜色”色块决定使用什么颜色遮蔽图像中将被裁剪掉的区域。

(4)“不透明度”值决定使用的遮蔽色彩的透明度。

(5)不勾选“透视”选项，可以对“裁切”框进行缩放和旋转的操作；勾选“透视”选项，可以对“裁切”框进行扭曲变形。

裁切图像效果,如图 6－3 所示。

图 6－3　裁切图像效果图

第三节　橡皮擦工具、背景色橡皮擦工具、魔术橡皮擦工具

1. 橡皮擦工具

橡皮擦工具是基本的擦除工具,它的功能就像橡皮。使用橡皮擦,如果当前层是背景层,那么被擦除的图像位置显示为背景色;如果当前层是普通图层,被擦除的图像位置显示为透明效果。在工具箱中选择工具,选项栏如图 6－4 所示。这里只介绍它与其他工具不同的选项。

图 6－4　“橡皮擦”工具选项栏

在工具选项栏中,部分功能如下:

(1)“模式”框的选项列表中共有三个选项,选项栏中的内容会随模式框中选项的不同而产生相应的变化。

(2)勾选“抹到历史记录”选项,工具可将图像擦除至“历史记录”调板中恢复点处的图像效果,这有点类似于“历史记录画笔”工具的功能。

2. 背景色橡皮擦工具

使用背景色橡皮擦工具,可以将图像中特定的颜色擦除,擦除时如果当前层是背景层,可将图像擦除至透明。在工具箱中选择工具,选项栏如图 6－5 所示。

图 6－5　“背景色橡皮擦”工具选项栏

在工具选项栏中,部分功能如下:

(1)“限制”框决定工具的作用范围。在“限制”框中选择“不连续”选项,擦除笔尖拖过的范围内所有与指定颜色相近的像素。选择“邻近”选项,擦除笔尖拖过的范围内所有与指定颜色相近且相连的像素。选择“查找边缘”选项与选择“邻近”选项功能相似,只是选择“查找边缘”选项会在图像中保留较强的边缘效果。

(2)“容差”值决定在图像中选择要擦除颜色的精度。此值越大,可擦除颜色的范围就越大;此值越小,可擦除颜色的范围就越小。

(3)勾选“保护前景色”选项,图像中使用前景色的像素不被擦除。

(4)“取样”框中设置擦除颜色的方式。选择“连续”选项，工具擦除笔尖中心经过的像素颜色，当笔尖中心经过某一像素时，该像素的颜色被指定为背景色。选择“一次”选项，工具擦除鼠标光标落点处像素的颜色，该落点处像素的颜色被设置为背景色。只要不松手，拖曳鼠标将一直擦除这一颜色。选择“背景色板”选项，可以在工具箱中先将背景色设置为需要擦除的颜色，然后在图像中再拖曳鼠标，只擦除指定的背景色。

3. 魔术橡皮擦工具

魔术橡皮擦工具与以上两种橡皮擦工具在操作上有所不同，前面两种橡皮擦工具通常是在图像中拖曳鼠标，而使用工具，只要在图像中需要擦除的颜色上单击，即可在图像中擦除与鼠标光标落点处颜色相近的像素。在工具箱中选择工具，选项栏如图 6 - 6所示。

图 6 - 6 “魔术橡皮擦”工具选项栏

在工具选项栏中，部分功能如下：

(1)“容差”值决定在图像中要擦除颜色的精度。此值越大，可擦除颜色的范围就越大；此值越小，可擦除颜色的范围就越小。

(2)勾选“消除锯齿”选项，则在擦除图像范围的边缘去除锯齿边。

(3)勾选“邻近”选项，则在图像中擦除与鼠标光标落点处颜色相近且相连的像素，否则将擦除图像中所有与鼠标光标落点处颜色相近的像素。

(4)勾选“用于所有图层”选项，工具对图像中的所有图层起作用，否则只对当前图层起作用。

(5)在最右侧的“不透明度”框中，可以设置工具擦除效果的不透明度。

4. 练习使用魔术橡皮擦工具

(1)打开一张图片。

(2)选择“魔术橡皮擦”工具，在图片中需要擦除的颜色上单击即可。

第四节　模糊、锐化和涂抹工具

1. 模糊、锐化和涂抹工具

模糊工具：主要用来对图像进行柔化模糊。

锐化工具：主要用来对图像进行锐化。

选择"涂抹"工具：在图像中拖曳鼠标，可以将鼠标光标落点处的颜色抹开，其作用是模拟刚画好一幅画还没干时用手指去抹的效果。

注意：反复按键盘上的"Shift+R"键，可以在这三个工具之间进行切换。

2. 练习使用涂抹工具

(1)打开文件，这是一幅火苗的图。

(2)选择"涂抹"工具，可使火苗朝另一方向运动，还可让火势变大。

第五节　减淡、加深和海绵工具

减淡工具：是对图像阴影、半色调、高光等部分进行提亮加光处理。

加深工具：是对图像阴影、半色调、高光等部分进行遮光变暗处理。

海绵工具：是对图像进行变灰或提亮处理。

注意：反复按键盘上的“Shift＋O”键，可实现这三个工具间的切换。

在工具箱中选择工具，其选项栏如图6-7所示。

图6-7　“加深”工具选项栏

在工具选项栏的“范围”框中有以下三个选项。

◆ 选择“暗调”选项，工具对图像中较暗的部分起作用。

◆ 选择“中间调”选项，工具平均地对整个图像起作用。

◆ 选择“高光”选项，工具对图像中较亮的部分起作用。

工具选项的“曝光度”值决定一次操作对图像的提亮程度。

工具的选项与工具的选项相反，它的“曝光度”值决定一次操作对图像的遮光程度。

操作练习题

一、制作图书的立体效果

解答：

1. 建立选区：打开素材文件，为书封平面图（图6-01a）。

图6-01a　素材文件图

2. 使用“剪裁工具”,切出书籍封面和侧面(图 6-01b)。

图 6-01b 切出书籍的封面和侧面

3. 选择“编辑”|“变换”|“透视”,调整角度,组合封面和侧面形成立体效果(图 6-01c)。

图 6-01c 组合书籍的封面和侧面

第七章　通道与蒙版

Photoshop 中通道与蒙版是两个高级编辑功能。通道存储不同类型信息的灰度图像，对使用 Photoshop 有着巨大的帮助，是 Photoshop 必不可少的一种工具。蒙版用来保护被遮蔽的区域，具有高级选择功能。Photoshop 的批处理能将已有的动作应用在一个或者多个文件，提高工作效率。通过熟悉这些功能的应用，就能更深入地掌握 Photoshop。

第一节　颜色通道

(一)通道调板

通道调板用于创建和管理通道。执行"窗口"|"通道"命令，打开如图 7-1 所示的调板，单击右上角的小三角弹出关联菜单，通道操作均可以在该调板中实现。其中的选项及功能见表 7-1。

图 7-1　"通道调板"视图

表 7-1　"通道调板"中的选项及功能

选　项	图　标	功　能
将通道作为选区载入		单击此按钮可以将当前通道中内容转换为选区
将选区存储为通道		单击此按钮可以将图像中的选区作为蒙版保存到一个新建 Alpha 通道中
创建新通道		创建 Alpha 通道，拖动某通道至该按钮可以复制该通道
删除当前通道		删除所选通道

技巧：若按住"Ctrl"键单击通道，可以载入当前通道的选取范围；若按住"Ctrl＋Shift"组合键再单击通道，可以将当前通道的选取范围增加到原有的选取范围当中。

(二)通道基本操作

通道调板的关联菜单中的命令，有新建通道、复制通道、新建专色通道、分离通道与合并通道等。

1. 显示和隐藏通道

通道调板的最左边的( )眼睛图标是可视开关按钮，可以显示或隐藏多个通道。其中由于主通道与各原色通道的关系特殊，因此当单击隐藏某原色通道时，主通道会自动隐藏；如果显示主通道，则各原色通道又会同时显示。

在通道调板中(如 RGB 模式图像)，可以分别隐藏绿色通道显示红色和蓝色通道，隐藏蓝色通道显示红色和绿色通道，隐藏红色通道显示绿色和蓝色通道，如图 7 - 2 所示。

图 7 - 2　分别隐藏绿色、蓝色和红色通道

2. 复制和删除通道

通常情况下，编辑通道时不要在原通道中进行，以免编辑后不能还原，这时就需要将该通道复制一份再编辑。

复制通道的方法有两种，一种是直接选中并且拖动要复制的通道至“创建新通道”按钮 ，得到其通道副本，如图 7 - 3 所示。另一种方法是选中要复制的通道后，选择关联菜单中的“复制通道”命令，打开对话框，直接单击确定按钮得到与第一种方法完全相同的副本通道；如果启动“反相”选项，那会得到与之明暗关系相反的副本通道，如图 7 - 4 所示。如果在“复制通道”对话框的“文档”下拉列表中选择“新建选择”，那么会将通道复制到一个新建文档中。

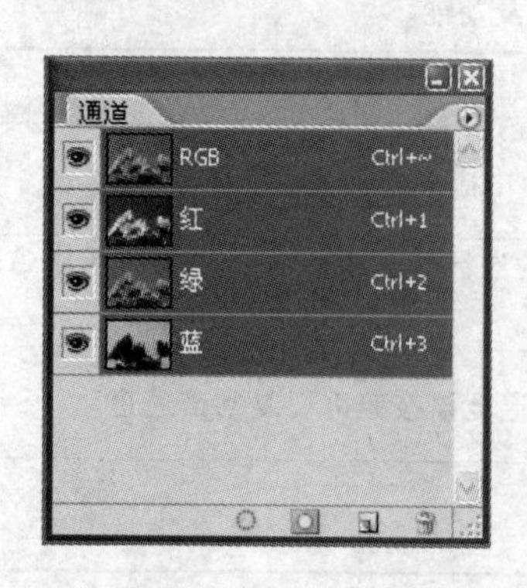

图 7 - 3　通过“创建新通道”按钮复制副本通道

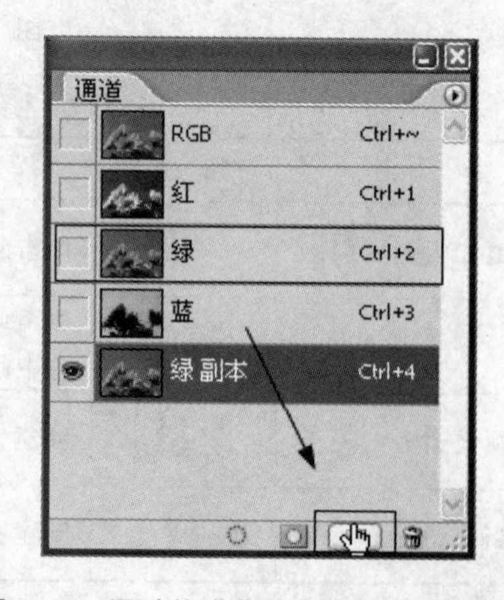

图 7 - 4　通过关联菜单创建反相副本通道

注意：如果在不同图像间复制通道必须要求图像有相同的像素尺寸，才能将通道复制到位图模式的图像中。在同一文件复制通道可将其直接拖至通道调板底端“创建新通道”按钮 上，在不同图像间复制通道也可以通过“拷贝”、“粘贴”命令，此要求下的图像不必具备相同的像素尺寸。

将没有用的通道删除，是为了节省硬盘存储空间，提高程序运行速度。方法是将要删除的通道拖至“删除当前通道”按钮 上，或者选择关联菜单中的“删除通道”命令，或者从通道调板中选择要删除的通道，单击右键后从快捷菜单中选择“删除通道”命令。

(三)通道的颜色信息

通道最主要的功能是保存图像的颜色数据。在 Photoshop 中 RGB、CMYK 和 Lab 图像都具有一个复合通道。例如一个 RGB 模式的图像，其每一个像素的颜色数据是由红色、蓝色和绿色这三个通道来记录的，而这三个单色通道组合也可以合成一个 RGB 主通道，如图 7－5 所示。

1. 图像模式颜色通道

RGB 图像由复合通道、R(红色通道)、G(绿色通道)、B(蓝色通道)四个通道组成。

CMYK 图像由复合通道、C(青色通道)、M(洋红通道)、Y(黄色通道)、K(黑色通道)五个通道组成。

Lab 图像由复合通道、亮度通道、a 通道、b 通道四个通道组成。

多通道图像由 C(青色通道)、M(洋红通道)、Y(黄色通道)三个通道组成。

位图、灰度图、双色调、索引色等由单色通道组成。

技巧：默认情况下，通道调板中单色通道以灰度显示，要想以原色显示单色通道，可以在“显示与光标”命令中启用“通道以原色显示”选项，如图 7－5 所示。

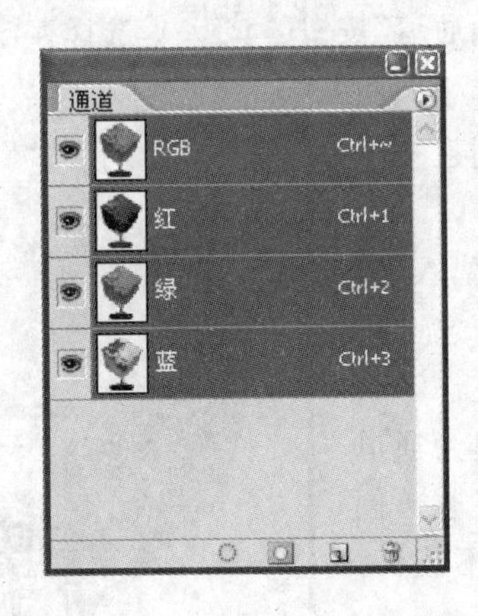

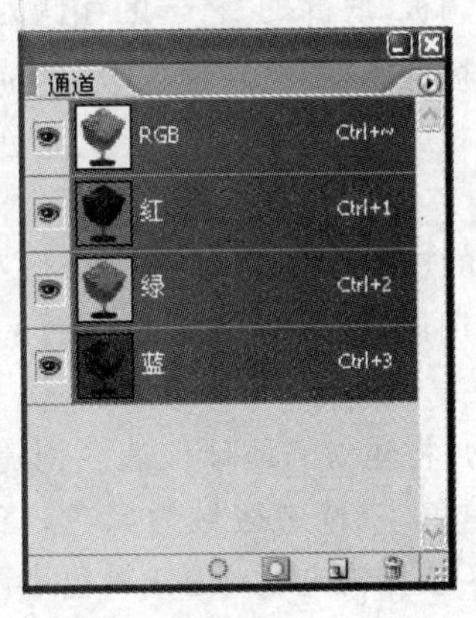

图 7－5　RGB 模式图像的“通道”调板

图像的颜色模式决定了所创建的颜色通道的数目，而颜色信息通道既可以分离为单独的图像，也可以将其再次合并到一个文档中，还可以将一个单色通道中的内容复制到另一个通道中。

2. 复制通道颜色

复制通道颜色就是将通道调板中的一个单色信息通道复制到另一个不同的单色信息通道中，从而使图像颜色发生变化。方法是在“通道”调板中选中一个单色通道，将其全选(Alt＋

A)后复制,然后在另一个单色通道中粘贴。

3. 分离与合并通道

每一个模式的图像都有自己特有的原色通道,通过"分离通道"命令就可以将其分离为单独的图像文档。例如一幅 RGB 模式的图像就能通过"分离通道"命令分离为 R、G、B 三个灰度图像。

图 7-6 "合并通道"菜单

通道的合并正好相反,选中任何一个分离后的灰度图像,选择"合并通道"命令,并在弹出的"合并通道"对话框"模式"下拉列表中选择想要的模式选项,再连续单击"确定"按钮就可以得到合并后的图像,如图 7-6 所示。

第二节 Alpha 通道与专色通道

在 Photoshop 中除了颜色信息通道外,还有 Alpha 通道与专色通道。

(一)Alpha 通道

Alpha 通道主要用来创建和保存选区,并且可以对 Alpha 通道进行绘制、剪切、粘贴等各种编辑操作。Alpha 通道只能有黑、白、灰三种颜色,文件的信息也与单色通道一样大小,即一个 6MB 的 RGB 模式文件,其每一个单色信息通道都含有 2MB 信息大小,所以 Alpha 通道也有 2MB 信息。

1. 创建 Alpha 通道

(1)在"通道调板"中单击其底部的"创建新通道"按钮( ),就能创建一个空白的 Alpha通道,这时调板中的其他颜色信息通道自动隐藏。

(2)单击"通道调板"底部的"将选区存储为通道"按钮( ),选择存储为 Alpha 通道。

(3)从"通道调板"的调板菜单中选取"新通道",出现"通道选项"对话框,输入名称确定后就能创建一个新的 Alpha 通道。

Alpha 通道中的白色区域可以作为选区载入,黑色区域不能载入为选区,而灰色区域载入后的选区则带有羽化效果。

如图 7-7 所示,将建立的地球仪选区创建为通道后,地球仪区域为白色,未选中区域为黑色;将通道创建为选区时,白色区域作为选区载入,黑色则不载入,如图 7-8 所示。

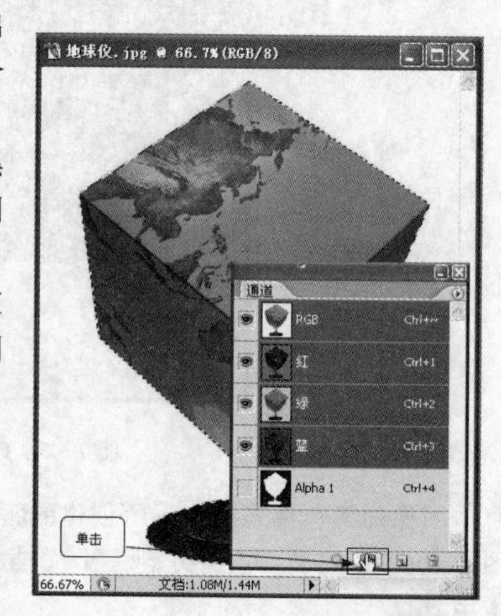

图 7-7 将选区创建为 Alpha 通道

2. 编辑 Alpha 通道

创建 Alpha 通道后,调板关联菜单中的"通道选项"呈可用状态,选择该命令就可以打开如图 7-9 所示的对话框,在该对话框中可以更改通道名称、显示状态等。其中的选项与功能见表 7-2。

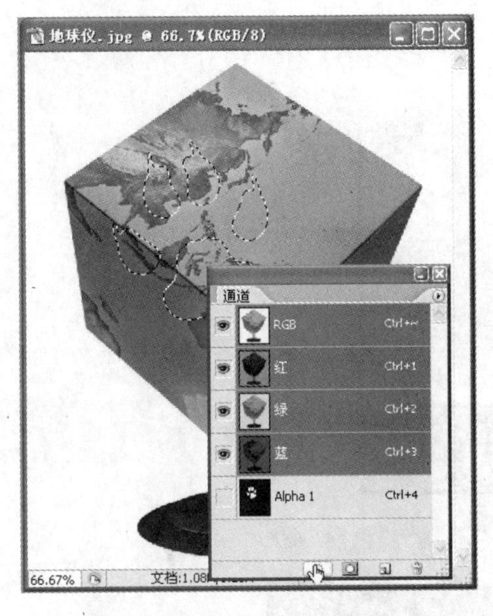

图 7-8　将 Alpha 通道创建为选区

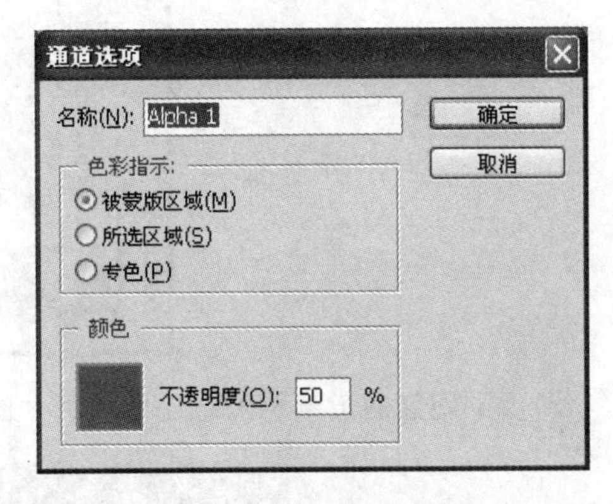

图 7-9　"通道选项"对话框

表 7-2　"通道选项"对话框中的功能

选项		功能
通道名称		要重命名通道，可以在该文本框中输入新名称
蒙版设置选项	被蒙版区域	将被蒙版区域设置为黑色(不透明)，并将所选区域设置为白色(透明) 用黑色绘画可扩大被蒙版区域，用白色绘画可扩大选中区域
	所选区域	将被蒙版区域设置为白色(透明)，并将所选区域设置为黑色(不透明) 用白色绘画可扩大被蒙版区域，用黑色绘画可扩大选中区域
	专色	将 Alpha 通道转换为专色通道
蒙版外观选项	颜色	可获取新的蒙版颜色
	不透明度	可更改 0%～100%的透明度

除了这些外观显示设置外，还可以在 Alpha 通道中进行变形、滤镜操作，从而改变原选区。例如在 Alpha 通道中可以通过"模糊"命令，得到边缘羽化的图像。

【练习】通过 Alpha 通道扣取一些复杂边缘的图像。

操作步骤：

(1)打开一张图像。

(2)打开通道调板,在通道调板中选择一张对比度最强的通道,这里我们选择蓝通道(为保护图像颜色通道,把蓝通道复制一次)。

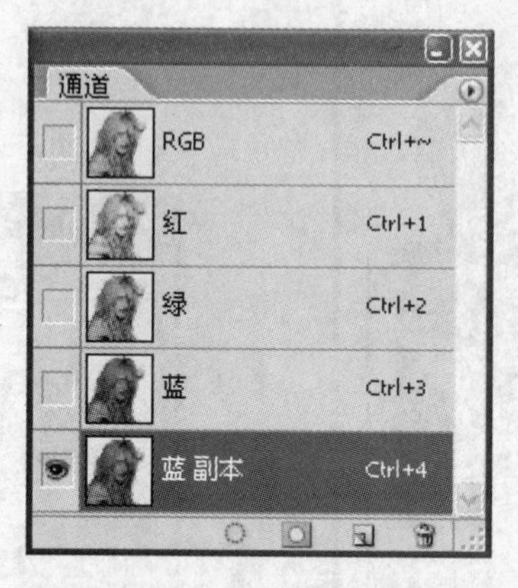

(3)为了增强通道颜色的对比度,执行"图像"|"调整"|"色阶"命令。

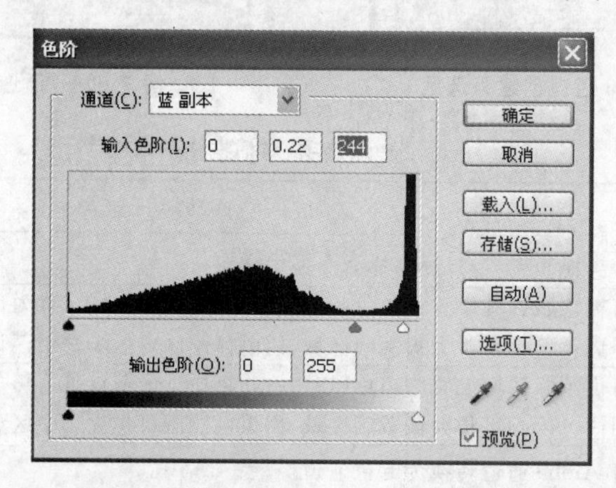

(4)选择蓝副本通道执行"图像"|"调整"|"反相"命令(快捷键"Ctrl+I"),并使用画笔工具将人物中的黑色部分涂白。

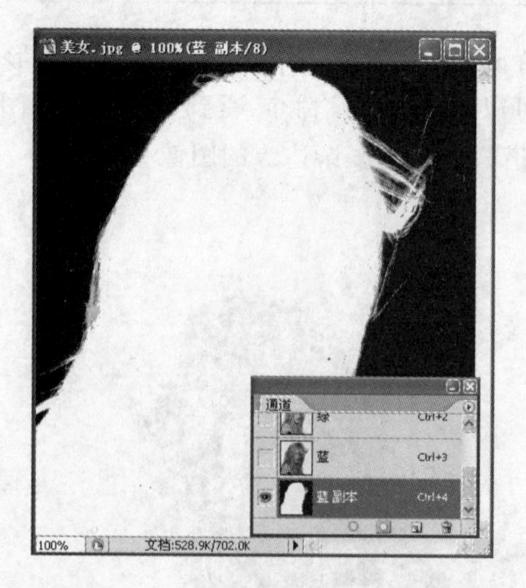

(5)单击"通道调板"底部的"将通道作为选区载入"( )按钮,得到图像的选区。

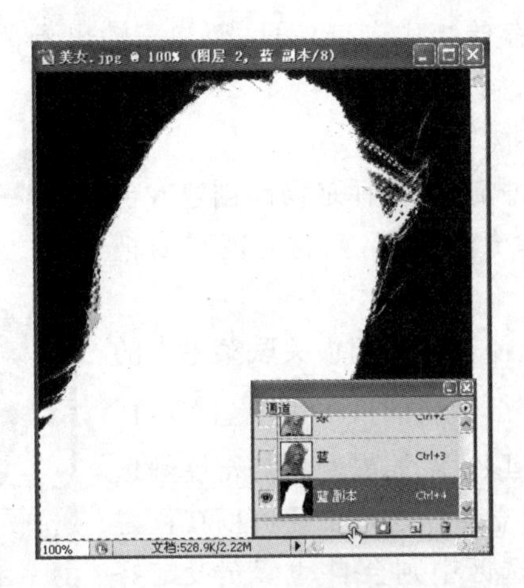

(6)回到图层调板,执行"图层"|"新建"|"通过拷贝的图层"命令(快捷键"Ctrl＋J"),得到一个新的图层。

(7)隐藏原图层后,得到最终结果。

(二)专色通道

专色是指一种预先混合好的特定彩色油墨,用来替代或补充印刷色(CMYK)油墨,以便更好地体现图像效果。因为每种专色都需要专用的印版,所以就需要专门存储这些专色。

专色通道就是一种可以保存专色信息的通道——即可以作为一个专色版应用于图像中。

专色通道只能以灰度图形式存储相应专色信息,而为了输出专色通道,文件要以 DCS 2.0 格式存储。

1. 创建专色通道

专色通道的创建分为两种情况:一种是局部创建专色通道,另一种是整幅图像创建专色通道,而这时就需要把图像转换成双色调图像。

局部创建专色通道时,选择"通道"调板关联菜单中的"新建专色通道"命令(或按住"Ctrl"键再单击),在弹出的对话框中设置专色通道名称、油墨颜色与密度等选项,再单击"确定"按钮就能建立专色通道。还可以在创建选区时,创建专色通道,这时选区中则会自动填充设定好的颜色,如图 7-10 所示。

如果是应用于整幅图像,应该将图像模式转为双色调模式,然后在"双色调选项"对话框中选择"类型"、"油墨颜色"与"双色调曲线"等选项(图 7-11),这时就可以使用相同的方法创建专色通道了。

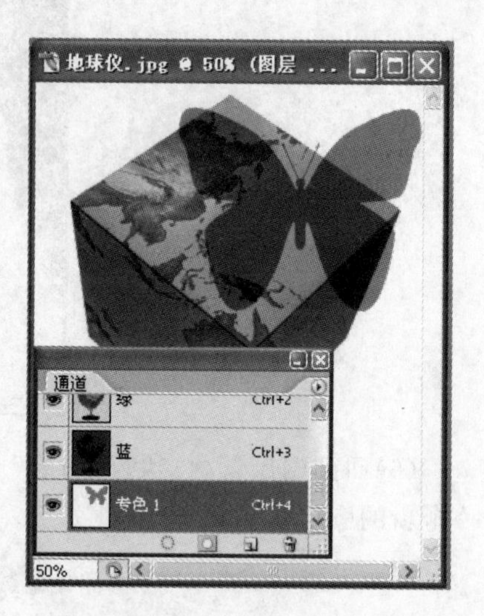

图 7-10 创建专色通道

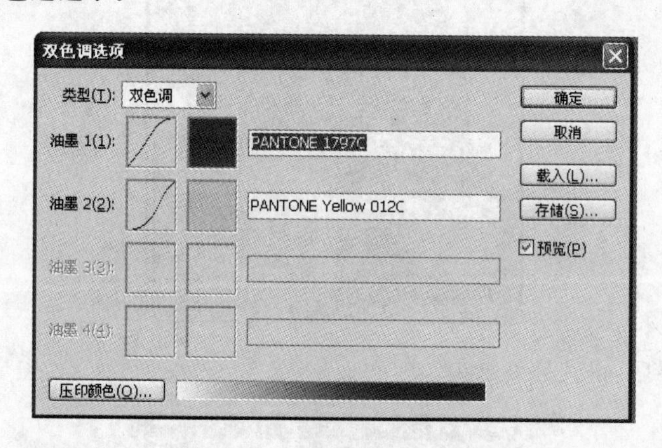

图 7-11 "双色调选项"窗口

注意:要将图像转为双色调模式,必须先将图像转为灰度模式,图像只有在灰度模式下才能转为双色调板。

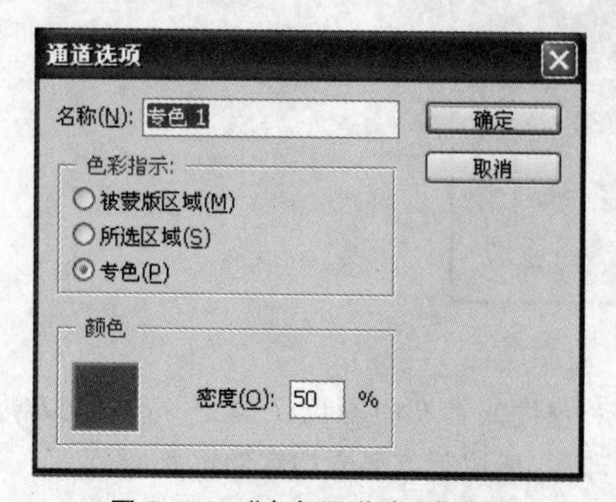

图 7-12 "专色通道选项"窗口

2. Alpha 通道转换为专色通道

专色通道可以通过 Alpha 通道创建,就是把 Alpha 通道转换为专色通道。方法是选中 Alpha 通道,选择"通道"调板关联菜单中的"通道选项"命令(或双击 Alpha 通道缩览图),在打开的通道选项对话框(图 7-12)中启用"专色"选项。

3. 编辑专色通道

选中创建的专色通道后,选择关联菜单中的"通道选项"命令,打开专色通道选项对话框,在该对话框中可以更改"专色通道名称"、"油墨颜色"以及“油墨密度”选项。

密度参数的范围是 0%～100%，也可以在屏幕上模拟印刷后专色的密度。其中数值 100%模拟完全覆盖下层油墨的油墨（如金属质感油墨），0%模拟完全显示下层油墨的油墨（如透明光油）。如图 7－13 所示为“密度”参数为 20%与 80%的效果。

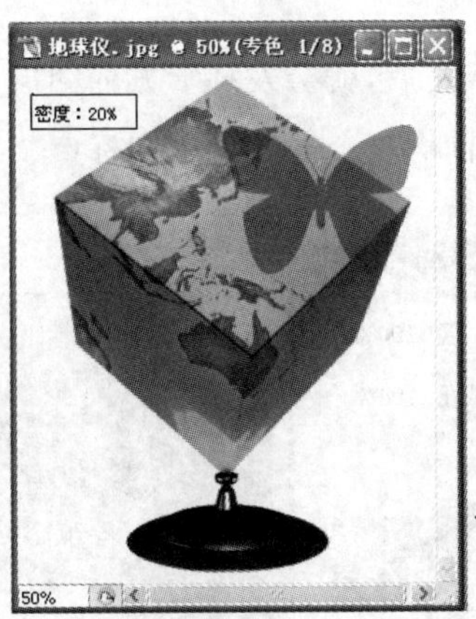

图 7－13　油墨密度 80%和 20%的专色效果

注意：使用绘画或编辑工具在图像中绘画，用黑色绘画可添加更多不透明度为 100%的专色，用灰色绘画可添加不透明度较低的专色。这与专色中的密度选项不同有关，绘画或编辑工具选项中的不透明度选项决定用于打印输出的实际油墨浓度。

4. 通道的合并

专色通道可以与原色通道合并。方法是先选中专色通道，选择“通道”调板菜单中的“合并专色通道”命令，这时将会拼合分层图像。合并的复合图像反映了预览专色信息，合并后专色通道被转换为颜色通道与颜色通道合并，并从调板中删除专色通道。

第三节　蒙版的类型

蒙版是用来控制图像的显示与隐藏区域，是进行图像合并的重要途径。在 Photoshop 中蒙版包括快速蒙版、剪贴蒙版、图层蒙版与形状蒙版等。

(一)快速蒙版

快速蒙版用来创建、编辑和修改选区。方法是单击工具箱中的“以快速蒙版模式编辑”按钮( )，进入快速蒙版，这时就可以用画笔工具或橡皮擦工具对图像进行操作。使用白色涂满想要选中的区域，其他部分涂黑，然后单击工具箱中的“以标准模式编辑”按钮( )返回正常模式以得到相应的选区。

注意：在快速蒙版中如果使用设置了柔角的画笔或者对其执行“高斯模糊滤镜”，都可以创建羽化效果。

(二)剪贴蒙版

使用下方图层中图像的形状来控制其上方图层图像的显示区域叫做剪贴蒙版。

1. 创建剪贴蒙版

在图层调板中有两个或两个以上图层时(图 7-14)就可以创建剪贴蒙版。方法是选择一个图层后,执行“图层”|“创建剪贴蒙版”命令(快捷键“Ctrl+Alt+G”),该图层就会与下一层图层创建剪贴蒙版;或按住“Alt”键不放后,用鼠标单击想创建剪贴图层的两图层之间,也可以创建剪贴蒙版。

创建剪贴蒙版之后,就会发现下方的图层名字下有下划线,而被显示图层的缩览图是缩进的,并且在缩览图前有一个剪贴蒙版图标(↓),其中图像内容也会发生变化,如图 7-15 所示。

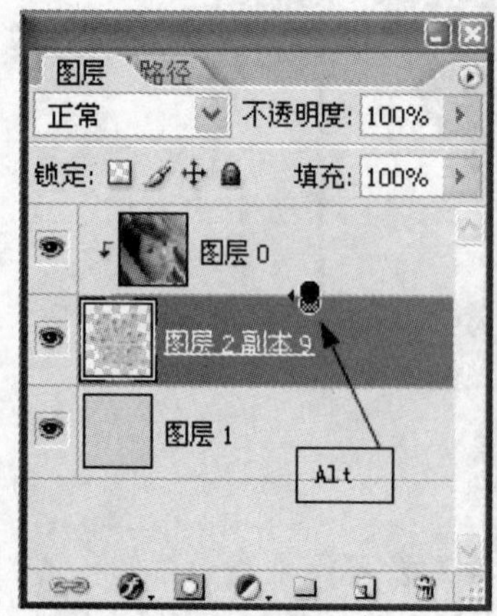

图 7-14 创建剪贴蒙版

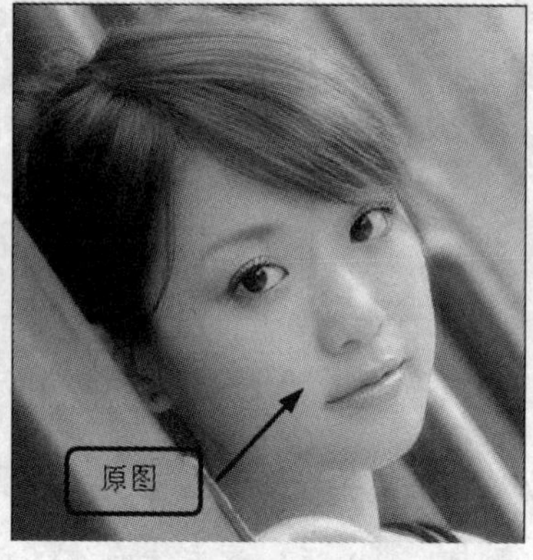

图 7-15 创建剪贴蒙版前后对比效果

注意:

①在剪贴蒙版中其下方图层中的形状边缘可以是实边,也可以是虚边。如果是虚边则在使用剪贴蒙版后,显示图像边缘呈现羽化效果。

②创建剪贴蒙版后,蒙版中的两个图层的图像均可随意移动。如果移动上方的图层图像,则可以在同一位置显示不同区域的图像;如果移动下方的图层图像,则会在不同的位置显示上方图层中不同区域的图像。

③剪贴蒙版中的形状图层(就是剪贴蒙版最下方的图层)可以应用于多个图层,方法是将其他图层拖至蒙版中即可。同理要想释放剪贴蒙版中的一个图层,只要将其拖至普通图层上(执行“图层”|“释放剪贴蒙版”命令可以释放剪贴蒙版中的所有图层)即可。

2. 编辑剪贴蒙版

对剪贴蒙版中的图层,我们也可以对其进行编辑,如改变图层的透明度、添加滤镜效果或改变图层的混合模式等。

在剪贴蒙版中,改变下方形状图层的不透明度属性,就可以改变整个剪贴蒙版组的不透明度;而调整上方内容图层的不透明度,只会改变自身图层的不透明度,不会对整个剪贴蒙版组产生影响。如图 7-16 所示为下方形状图层不透明度为 60%和上方内容图层不透明度为 50%的不同效果。

对图层混合模式来说,剪贴蒙版中下方形状图层控制整个剪贴蒙版组的图层混合模式,而剪贴蒙版中的上方内容图层只能控制自身图层的混合模式。如图 7-17 所示为在不同图层同一混合模式的不同效果。

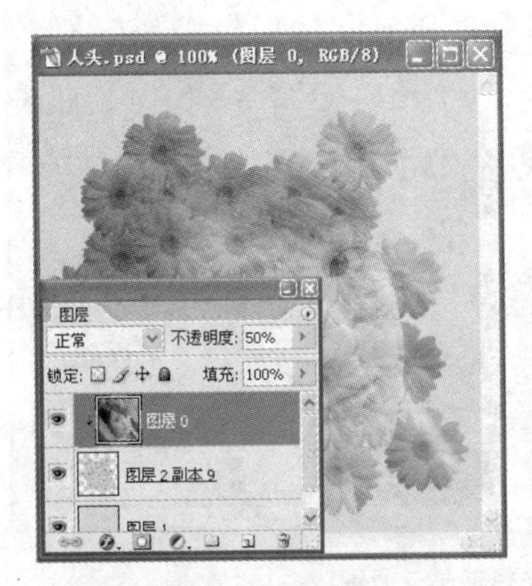

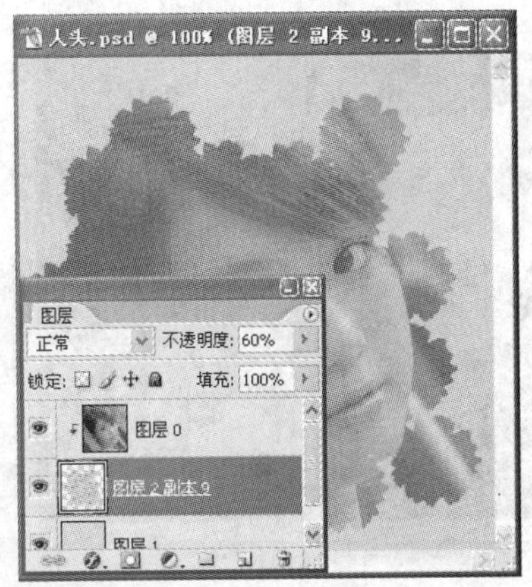

图 7 - 16　上方内容图层不透明度为 50%和下方形状图层不透明度为 60%的效果图

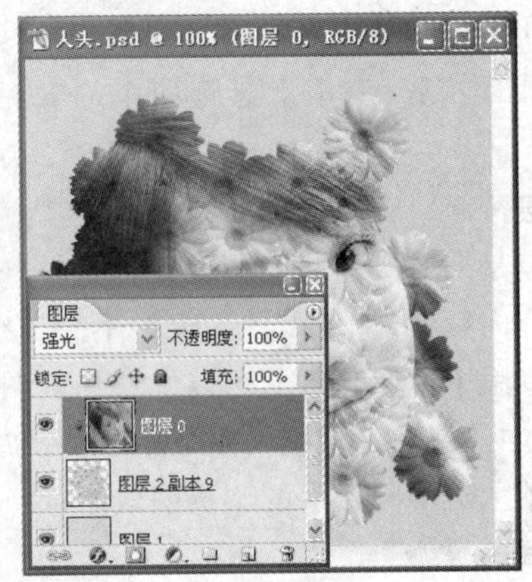

图 7 - 17　内容图层和形状图层混合模式效果

(三)矢量蒙版

矢量蒙版同剪贴蒙版一样也是通过形状控制图像显示的区域。与剪贴蒙版不同的是，矢量蒙版是作用于当前图层上的，并且显示区域的方法也不相同。

1. 创建矢量蒙版

矢量蒙版是通过由钢笔工具或形状工具创建路径，然后以路径来控制图像可见区域的。方法是选中图层，执行“图层”|“矢量蒙版”|“显示全部”命令，就可以创建显示全部内容的矢量蒙版（创建的矢量蒙版呈白色）；也可以执行“图层”|“矢量蒙版”|“隐藏全部”命令，就可以创建隐藏全部内容的矢量蒙版（创建的矢量蒙版呈灰色）。

除了这种创建空矢量蒙版的方法，还可以通过路径创建含有遮罩区域的矢量蒙版。方法是首先创建相应的路径，接着选中路径所在的图层，然后执行“图层”|“矢量蒙版”|“当前路径”命令[或结合“Ctrl”键单击“添加图层蒙版”（ ）按钮]，这样就创建了带有路径的矢量蒙版。图 7 - 18 所示为通过路径创建矢量蒙版的过程。

2. 编辑矢量蒙版

对创建带有路径的矢量蒙版，我们可以在其创建了之后，再在矢量蒙版中使用“直接选择”工具（ ）与“转换点”工具（ ）修改路径形状（也可以通过执行“编辑”|“变换路径”命令，

图 7-18 通过路径创建矢量蒙版

对矢量蒙版中的路径进行缩放、旋转、透视等变形)。

还可以在矢量蒙版中添加路径和形状来设置蒙版的显示区域,如选择"自定义形状"工具并选择"形状图形"后,启用工具选项中的"路径"( )按钮,就可以为矢量蒙版添加形状区域了。

(四)图层蒙版

图层蒙版是256级的灰度图像并且是与分辨率相关的位图图像,它是用来显示或隐藏图层图像的部分内容的,也可以用来保护不想被编辑的区域。

在图层蒙版中纯黑色区域可以遮罩当前图层中的图像内容,从而显示下方图层的图像内容;相反蒙版中的纯白区域则可以显示当前图层中的图像内容;而蒙版中的灰色部分会根据不同的灰度值显示出不同层次的半透明效果。

1. 创建图层蒙版

在所有的蒙版中图层蒙版是最常用的。其创建方法是选择要创建蒙版的图层,然后直接单击"图层"调板底部的"添加图层蒙版"( )按钮,就可以创建一个白色的图层蒙版(相当于执行"图层"|"图层蒙版"|"显示全部"命令);如果结合"Alt"键再单击添加图层蒙版按钮就可以创建一个黑色的图层蒙版(相当于执行"图层"|"图层蒙版"|"隐藏全部"命令),如图 7-19 所示。

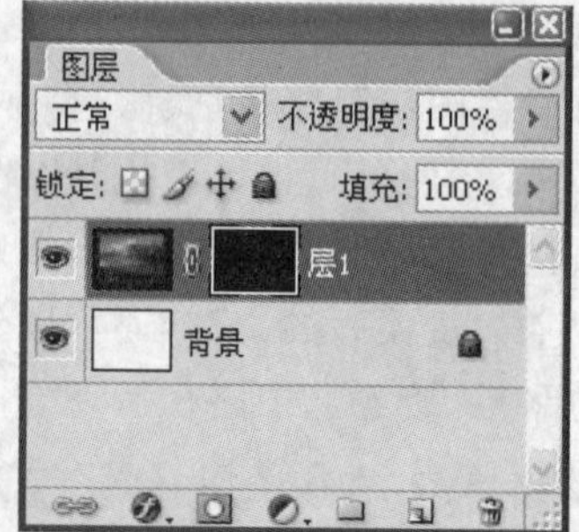

图 7-19 创建图层蒙版

除了这种创建空白图层蒙版的方法外,还可以在图层存在选区时,通过单击"图层"调板底部的"添加图层蒙版"按钮,直接创建出一个选区范围内以白色显示图像、其余部分被黑色遮罩的图层蒙版，而背景层被显示出来，如图 7－20 所示。

图 7－20　通过选区创建图层蒙版

2. 编辑图层蒙版

创建了图层蒙版后，这时就可以在图层上看到一个蒙版缩览图。当蒙版缩览图外显示一个矩形框时，说明该蒙版处于编辑状态，这时就可以使用“铅笔”工具或“橡皮擦”工具在画布上绘制图像了。如果绘制黑色图像，绘制的区域将会把图像隐藏（结合“Alt”键再单击图层蒙版缩览图就会在画布上显示蒙版的内容，就能看见绘制的黑色图像了），如图 7－21 所示。

图 7－21　显示蒙版内容

要想将某一图层的蒙版复制到其他图层时，可以结合“Alt”键拖动蒙版缩览图到想要复制到的图层上即可。

直接单击并拖动图层蒙版缩览图，可以将该蒙版转移到其他图层；如果结合“Shift”键拖动蒙版缩览图，除了将该蒙版转移到其他图层外，还可以将转移后的蒙版反相处理，即蒙版与显示的区域相反。

第四节　蒙版的高级应用

在 Photoshop 中要想使用好蒙版功能，一定要多实践、多思考、灵活多变地使用。这里列举一些比较常见的应用，以供读者实践。

(一)剪贴蒙版中的其他图层

在 Photoshop 中文字图层通常作为剪贴蒙版中的形状图层,通过文字形状来控制图像的显示区域,这样就可以创建文字化的图像效果,如图 7-22 所示。

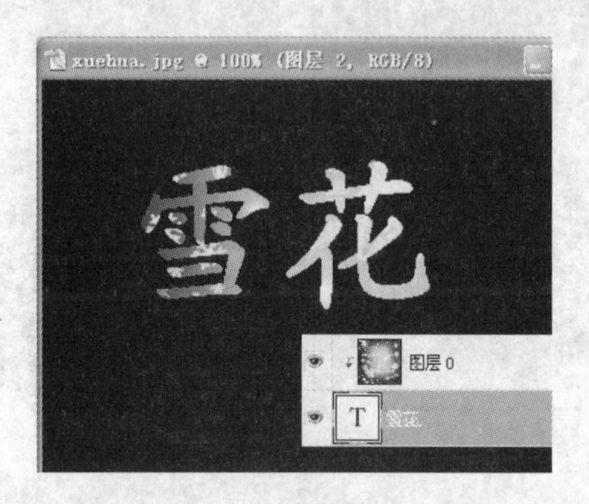

图 7-22 文字图层的剪贴蒙版

当想把两幅图像合为一幅图像时,可以使用填充图层来创建剪贴蒙版。方法是在两幅图像之间创建一个渐变填充图层,然后将渐变填充图层与上方图层创建剪贴蒙版即可,如图 7-23 所示。

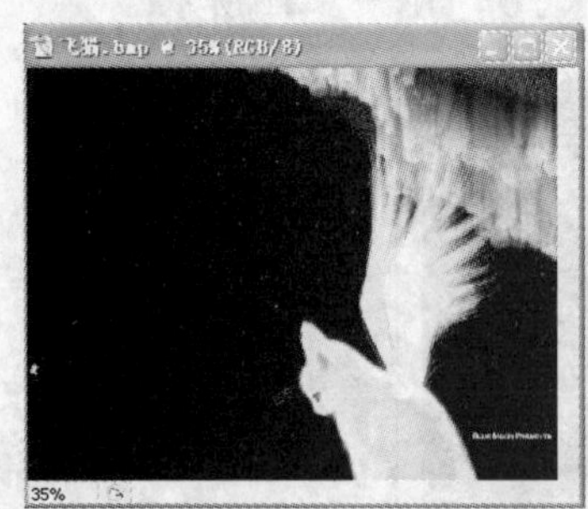

图 7-23 填充图层的剪贴蒙版

(二)矢量蒙版与图层蒙版的混合使用

矢量蒙版与图层蒙版之间既可以同时建立在一个图层中,也可以把矢量蒙版转换为图层蒙版(图层蒙版不能转换为矢量蒙版)。方法是选择具有矢量蒙版的图层,执行“图层”|“栅格化”|“矢量蒙版”命令(或直接在矢量蒙版缩览图右击,选择“栅格化矢量蒙版”命令)就可以将矢量蒙版转换为图层蒙版。

由于矢量蒙版无法产生边缘模糊的图层合成效果,所以要想在具有矢量蒙版的图层中建立渐变效果,可以在矢量蒙版基础上添加图层蒙版(Photoshop 中每个图层均可以添加一个矢量蒙版和一个图层蒙版)。

第五节 动　　作

所谓“动作”,实际是由自定义的操作步骤组成的批处理命令。它会根据定义操作步骤的顺序逐一显示在动作浮动调板中,这个过程我们称之为“录制”。以后需要对图像进行此类重复操作时,只需把录制的动作按一下“播放”按钮,一系列的动作就会应用在新的图像中了。

大多数命令和工具操作都可以记录在动作中。动作可以设置暂停，这样可以执行无法记录的任务(如使用绘画工具等)；动作也可以包含模态控制，在播放动作时设置对话框数值。

动作是快捷批处理的基础，快捷批处理是一个可以自动处理指定文件的应用程序。

(一)动作调板

Photoshop 中利用“动作”调板，可以播放动作；将 Photoshop 中自置的动作命令应用到图像，可以创建、管理和编辑动作等。

选取“窗口”|“动作”(或按“Alt＋F9”键)，动作调板以列表或按钮模式显示，默认以列表模式显示在窗口中，如图 7－24 所示。

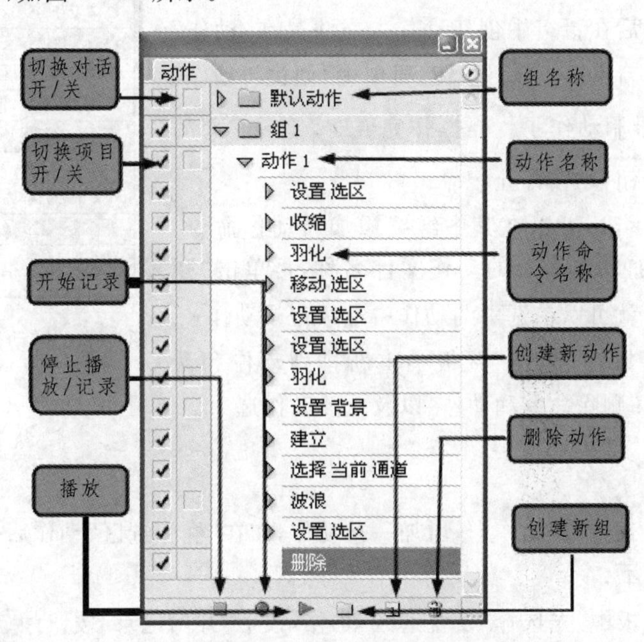

图 7－24　“动作”调板

表 7－3　“动作”调板的选项名称和功能

图标	名称	功能
	创建新动作	单击此按钮，可以创建一个新动作文件
	删除动作	单击此按钮，可以删除选中的命令、动作或者组
	创建新组	单击此按钮，可以创建一个新动作组
	开始记录	单击此按钮，可以开始记录一个新动作。处于记录状态时，此图标呈红色显示
	停止播放/记录	单击此按钮，可以停止正在记录或者播放的动作命令
	播放选定的动作	单击此按钮，可以执行选中的动作命令
	切换对话开/关	控制动作命令在执行时是否弹出参数对话框
	切换项目开/关	控制组或者命令是否执行
	展开按钮	位于组、动作和命令的左侧，单击展开按钮，可以展开组、动作和命令，显示其中的所有动作命令
	收缩按钮	单击组、动作和命令左侧的收缩按钮，可以将展开的组、动作和命令收缩为上一级显示状态

动作调板的关联菜单( )提供了用来保存、载入、复制、创建新动作和动作组等多种命令，并且还有按钮模式命令。选择该命令后，动作调板显示为一个按钮界面，如图 7－25 所示。

注意：在按钮模式中，只需要单击一个动作的名称即可使用默认或已有的动作，但是不能对动作进行创建、记录、修改和删除等操作。

(二)录制和编辑动作

1. 录制动作

首先创建动作，该动作既可以在默认动作组中创建，也可以先创建新组，然后在新组中创建动作。方法是在“动作”调板底部单击“创建新组”( )按钮，再单击“创建新动作”( )，就可以开始录制动作了。当操作完成时，单击底部的“停止播放”( )按钮，动作停止记录。

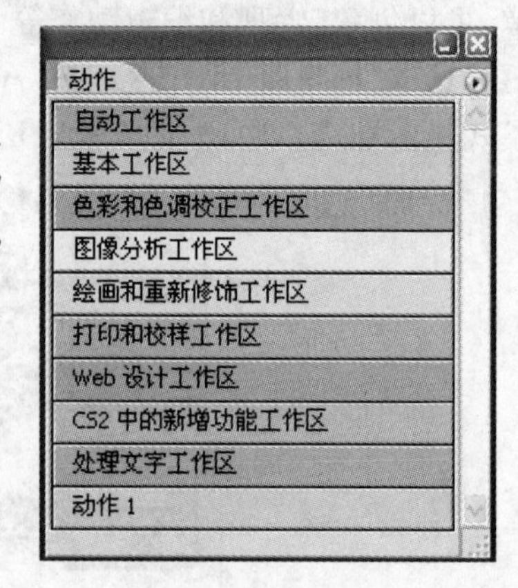

图 7－25 “动作”调板的按钮模式

完成一个动作后，还可以在其中继续添加新动作命令。方法是选择需要添加动作命令的动作文件名称，再单击“开始记录”( )按钮，就可以在选中的动作中继续记录动作。

记录动作后，可以在“动作”调板中重新排列动作和命令、重新记录、复制和删除命令和动作，以及更改动作选项。

2. 编辑动作

1)修改动作

在上例中的“格式转换”动作中，增加一条动作，如在“椭圆选区”动作后插入“曲线调整”命令动作，执行步骤如下：

(1)在“动作”调板中，先选择“设置选区”动作，按下“开始记录”按钮( )。

(2)现在记录开始，给图像进行“曲线调整”操作，操作已经被添加到了“曲线操作”项。完成后按下“动作”调板上的“停止播放/记录”按钮( )即可，“动作”调板如图 7－25 所示。

(3)如果想删除某项动作，直接将其拖动到“动作”调板底部的“删除”按钮( )即可。

(4)如果要复制动作，选择动作，然后单击“动作”调板菜单中的“复制”命令，或者直接拖移动作至“复制”按钮( )。

2)插入路径

Photoshop 利用“插入路径”命令可以在记录动作时将复杂的路径(用钢笔工具创建的或从 Adobe Illustrator 粘贴的路径)作为动作的一部分包含在内。回放动作时，工作路径被设置为所记录的路径。

插入路径的方法如下：

(1)开始记录动作或选择一个动作名称或命令。

(2)从“路径”调板中选择现有的路径。

(3)从“动作”调板菜单中选取“插入路径”。

要记录多个路径，应将原工作路径存储，因为工作路径是临时路径。

3)插入停止

Photoshop 利用在动作中插入停止，可以执行不能记录的任务如绘画工具。当执行此任务后，单击“播放”按钮以完成整个动作的播放。利用“插入停止”也可以在播放动作时显示信息。

插入停止的方法如下：

(1)选择一个动作或命令。

(2)从“动作”调板菜单中选取“插入停止”，如图 7－26 所示。

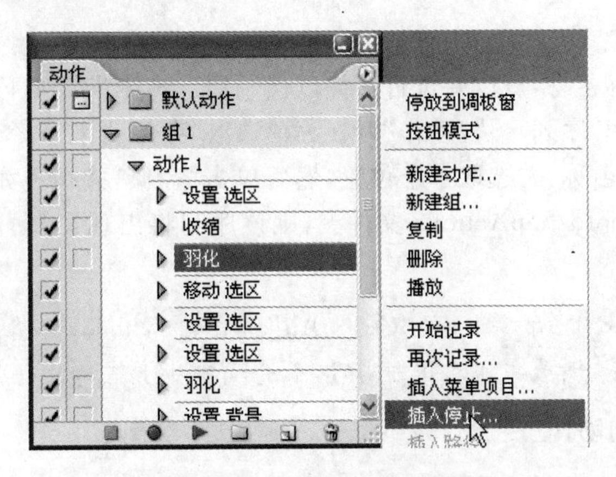

图 7－26　选择“插入停止”选项

(3)输入要显示的信息：“允许继续”选项可以继续执行动作的播放而不停止。

(4)单击“好”按钮，此时“动作”调板如图 7－27 所示。

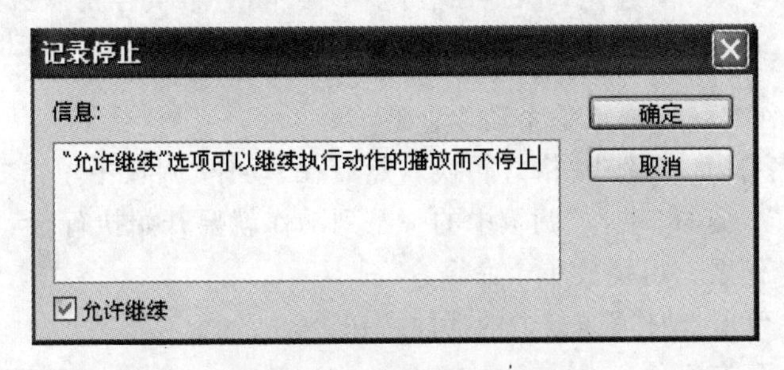

图 7－27　“记录停止”窗口

4)设置模态控制

模态控制可使动作暂停以便在对话框知道记录值或使用的模态工具。如果不设置模态控制，则播放动作时不出现对话框，并且不能更改已记录的值。

动作调板在列表模式状态下，模态控制由“动作”调板中的命令、动作或序列左侧的对话框图标表示。单击命令名称左侧的框以显示图标，再次单击可删除图标。

5)排除或包括命令

此选项可以排除已记录动作的一部分命令。动作调板在列表模式显示状态下。如果需要则单击要处理的动作左侧的三角形，展开动作中的命令列表。具体方法如下：

(1)单击要排除或包括的特定命令左侧的复选标记。

(2)动作的复选标记若变为红色，表示动作中的一些命令已被取消。

6)插入不可记录的命令

动作无法记录绘画和上色工具、工具选项、视图命令和窗口命令。不过，可以使用“插入菜单项目”命令将许多不可记录的命令插入到动作中。

插入命令时文件保持不变,命令的任何值都不记录在动作中。如果命令有对话框,在回放期间将显示该对话框,并且暂停动作,直到单击“好”或“取消”按钮为止。

注意:当使用“插入菜单项目”命令插入启动对话框的命令时,不能在“动作”调板中停止模态控制。

7)存储动作

好的动作制作并不容易,所以要进行存储以便调用。具体步骤如下:

(1)选择“图片处理”序列。从“动作”调板菜单选取“存储动作”命令,打开“存储”对话框。

(2)为该序列键入名称,并选取一个位置,然后单击“存储”按钮。如果将动作序列存储在Photoshop\Presets\PhotoshopActions 文件夹,则该序列将出现在“动作”调板菜单的底部以便载入。

技巧:选取“存储动作”命令时,按“Ctrl+Alt”组合键(Windows)将动作存储在文本文件中,可以使用这个文件查看或打印动作的内容,不过,不能将该文本文件重新载入 Photoshop。

(三)应用(批处理)动作

1. 播放动作

播放动作就是执行动作中记录的一系列命令。可以取消动作中的某些命令或播放单个命令。如果动作包括模态控制,则可以在对话框中指定值或在动作暂停时使用模态工具。

注意:在按钮模式中,单击一个按钮将执行整个动作,但不执行先前已排除的命令。

(1)打开要执行动作的一幅图像。

(2)执行下列操作之一可播放整个动作:

选择该动作的名称,如本例中“格式转换”,然后在“动作”调板中单击“播放”按钮,或从调板菜单中选取“播放”。这样“动作”调板中的一系列动作就要开始执行。

(3) 执行下列操作之一可播放单个命令:

按住“Ctrl”键并单击“动作”调板中的播放按钮。

按住“Ctrl”键并双击该命令。

注意:动作是一系列命令,可在“历史记录”调板中恢复还原到任一步骤。

2. 设置回放选项

长而复杂的动作有时不能正确播放,但是难以确定问题发生在何处。“回放选项”命令提供了播放动作的三种速度,可以看到每一条命令的执行情况。

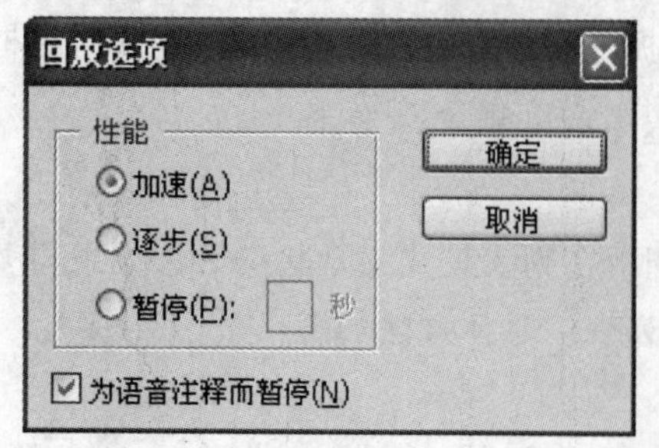

图 7-28 “回放选项”对话框

当处理包含语音注释的动作时,可以指定在播放语音注释时动作是否暂停。这可确保每个语音注释播放完之后才开始执行动作中的下一个步骤。

3. 指定动作播放的速度

(1)从“动作”调板菜单中选取“回放选项”命令,对话框如图 7-28 所示。

(2)指定速度:“加速”,可以正常的速度播放动作

（默认设置）；“逐步”，可完成每个命令并重绘图像，然后再进行动作中的下一个命令；“暂停时间”，可输入 Photoshop 在执行动作中的每个命令之间暂停的时间；“为语音注释而暂停”，可确保动作中的每个语音注释播放完后，再开始动作中的下一步，否则应取消选择该选项。

（3）单击“确定”按钮即可。

操作练习题

一、重新设置人物环境

解答：

1. 打开人物图片，在“通道”调板中依次选择各颜色通道，发现蓝通道中，头发和背景的反差较大，在“通道”调板中拖曳“红”通道至“复制图层”按钮上，复制一新的“红”通道副本（图 7－01a）。

图 7－01a　复制新的通道副本

2. 用“钢笔”工具细致地在人物图片中勾出所需要的部分，但我们要注意头发的发丝细节处的处理，这时可使用“加深”工具细细勾画（图 7－01b）。

图 7－01b　勾出需处理的部分

3. 选择菜单中的“图像”|“调整”|“曲线”命令，调整人物和背景的对比度（图 7－01c）。

图 7－01c 调整人物和背景的对比度

4. 用“橡皮擦”工具去除背景上的杂痕(图 7－01d)。

图 7－01d 去除背景上的杂痕

5. 选择背景部分,回到原图,删除,更换背景,即可(图 7－01e)。

图 7－01e 更换背景

6. 选择“图像”|“调整”|“色彩平衡”命令,将主题人物调整,入画(图 7－01f)。

图 7－01f　主题人物调整入画

二、制作草莓

解答：

1. 新建大小为 10×10 像素的文件，用铅笔画出草莓斑点，并将其保存为画笔，在新文件中画出如图 7－02a 所示的图形，并同样将其保存为画笔。

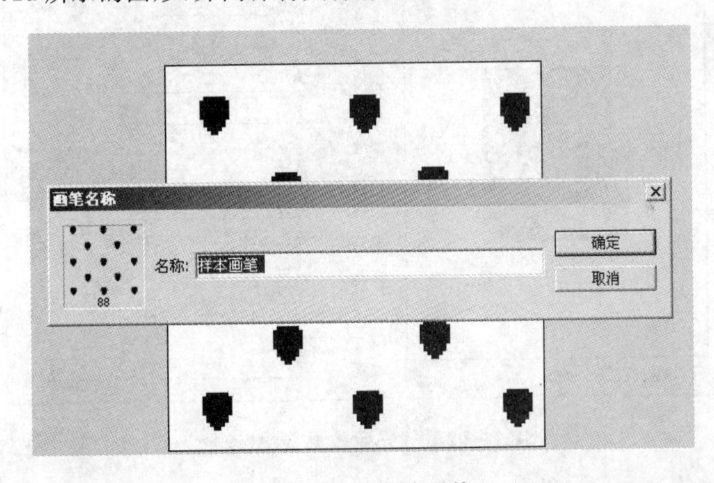

图 7－02a　新建画笔

2. 新建大小为 600×600 像素的文件，用钢笔画出所需路径，并将路径转变为选区。

3. 回到通道面板，新建通道 Alpha1，填充选区为白色，再选择画笔工具，用创建的第二个画笔描画出如图 7－02b 显示的图案。

4. 将通道 Alpha1 复制为通道 Alpha2、Alpha3，分别对其执行高斯模糊滤镜命令，参数值为 6 和 4.6，并将这两个通道进行运算得到 Alpha4，运算参数如图 7－02c 所示。

5. 回到图层面板，新建图层并在选区中填充深红色，执行光照效果滤镜命令，将纹理通道设为 Alpha4，设置参数如图 7－02d 所示。

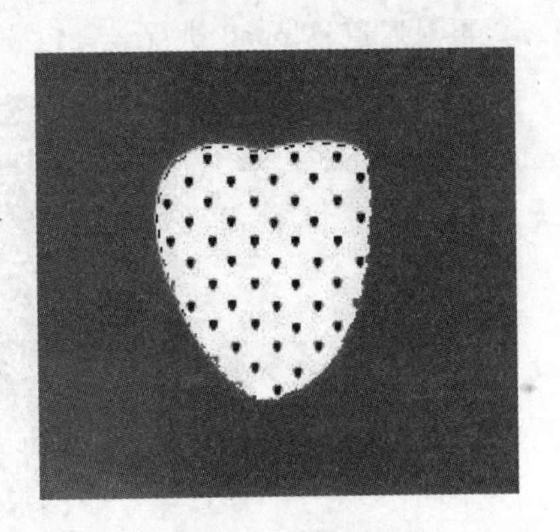

图 7－02b　绘制图案

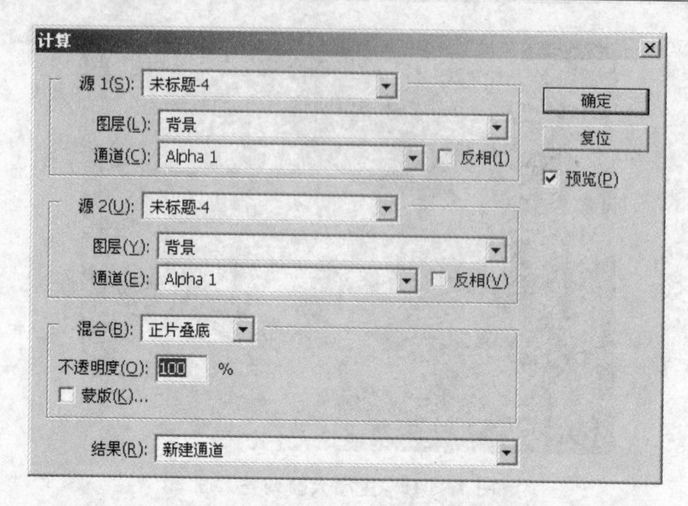

图 7-02c “通道运算”参数设置

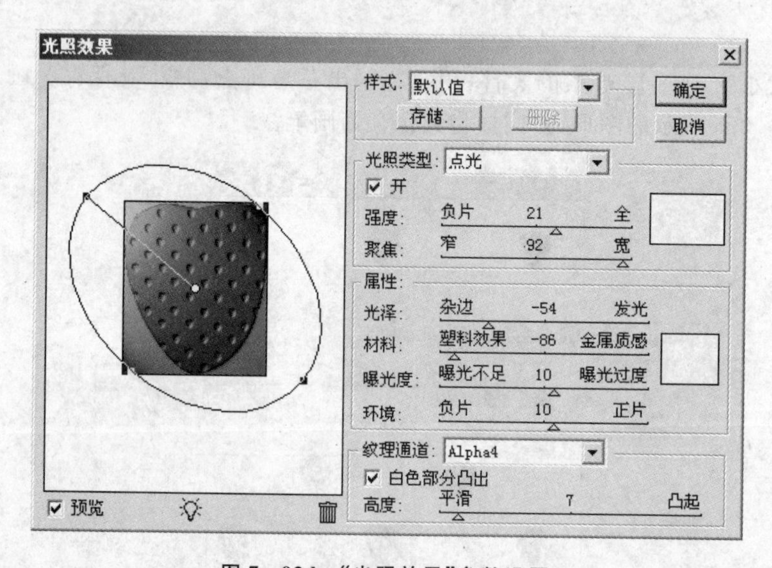

图 7-02d “光照效果”参数设置

6. 新建通道 Alpha5,执行云彩滤镜命令并将其与 Alpha4 执行运算命令,得到 Alpha6 通道,再对通道 Alpha6 执行塑料包装滤镜处理,效果如图 7-02e 所示。

图 7-02e 塑料包装滤镜效果

7. 将通道 Alpha1 复制为 Alpha7，然后执行浮雕滤镜命令，对话框如图 7－02f 所示。

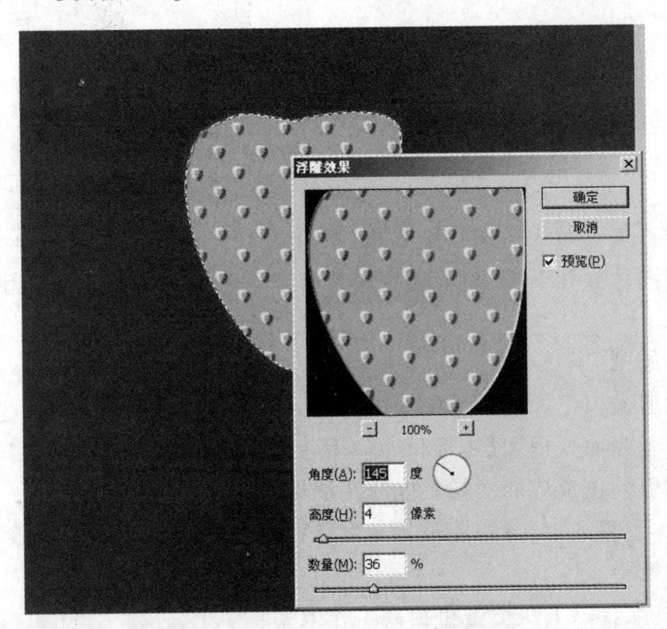

图 7－02f　“浮雕滤镜”命令对话框

8. 新建图层，并用白色填充选区，将通道 Alpha7 与新图层执行应用图像处理，再对选区执行羽化命令，参数设置为 30，如图 7－02g 所示。

9. 将两个图层合并，并执行球面化滤镜命令，效果如图 7－02h 所示。

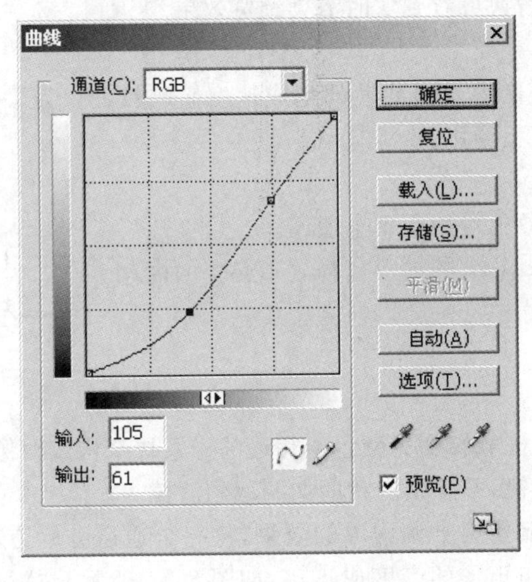

图 7－02g　“曲线”参数设置

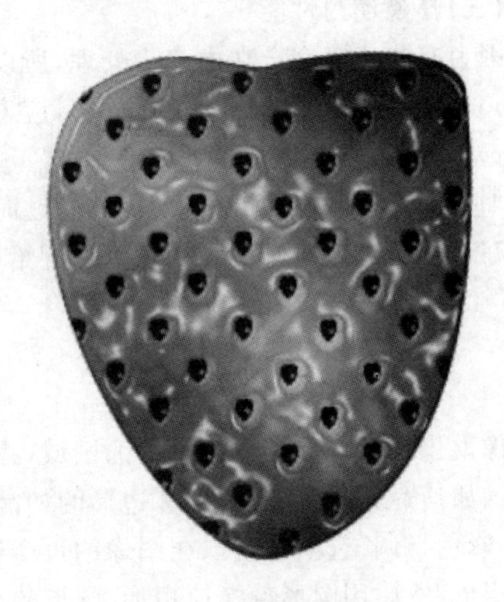

图 7－02h　最终效果

第八章　滤　　镜

滤镜能够产生许多美妙无穷的特殊效果，所有的Photoshop滤镜都分类放置在滤镜菜单内。使用滤镜除了熟练操作，还要具有丰富的想象力，才能恰到好处地应用，产生令人惊叹的艺术效果。

(一)滤镜使用原则

使用滤镜一般遵循以下原则：

滤镜只能应用于当前可视图层，且只能应用在一个图层上。

位图模式或索引颜色模式的图像不能应用滤镜。

滤镜适用于RGB模式，部分不能适用于CMYK颜色模式的图像。

(二)滤镜使用技巧

滤镜在使用时，配合以下快捷键可提高工作效率：

按"Ctrl＋F"组合键可重复上一次使用的滤镜。

按"Ctrl＋Alt＋F"组合键出现设置对话框重复上一次滤镜。

按"Ctrl＋Shift＋F"组合键使用"消退"命令减弱上一次使用的滤镜效果。

按"Esc"键可取消正在使用的滤镜。

在滤镜预览窗口中，按下"Alt"键拖移选项滑块可看到实时渲染预览效果。

(三)滤镜使用性能

因为有些滤镜完全在内存中处理，所以内存的容量对滤镜的生成速度影响较大。为了提高Photoshop对滤镜使用的工作效率，应遵循以下原则：

选取图像的一小部分试验滤镜效果。

如果图像很大，且有内存不足的问题时，将效果应用于单个通道。

在运行滤镜之前先设置计算机分配给Photoshop的内存或释放不必要的内存。

第一节　像素化滤镜

像素化滤镜将图像分成一定的区域，将这些区域转变为颜色值相近的像素块来构成图像。方形的如马赛克滤镜，不规则多边形的如晶状滤镜，不规则点状的如凹版画滤镜等。

"彩色半调"选项是模拟在图像的每个通道上使用半调网屏的效果，将一个通道分解为若干个矩形，然后用圆形替换掉矩形，圆形的大小与矩形的亮度成正比，如图8-1所示。"彩色半调"对话框中的选项说明如下：

最大半径：设置半调网屏的最大半径。

网角：网点与实际水平线的夹角。

对于灰度图像：只使用通道1。

对于RGB图像：使用1、2和3通道，分别对应红色、绿色和蓝色通道。

对于CMYK图像：使用所有四个通道，对应青色、洋红、黄色和黑色通道。

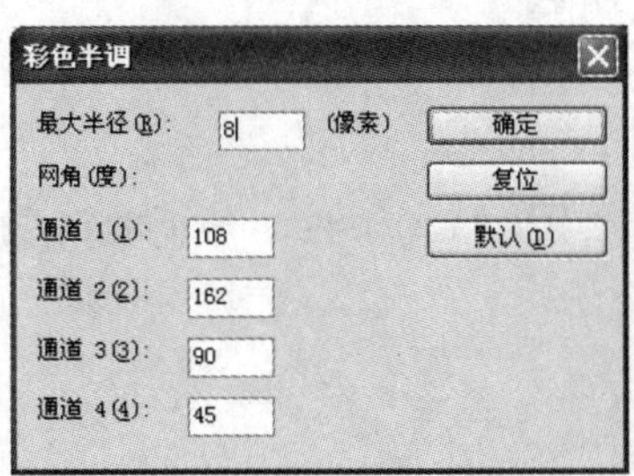

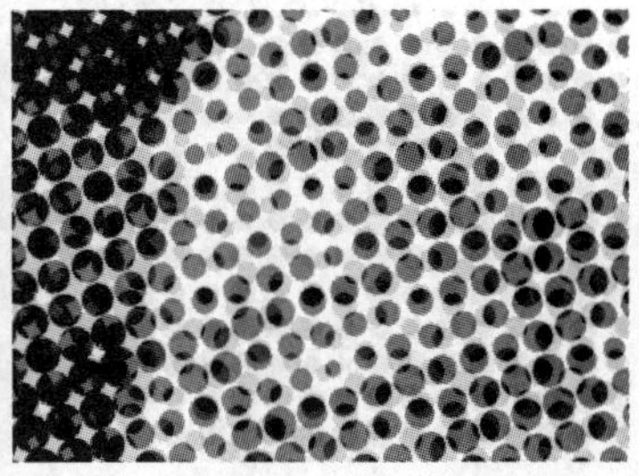

对话框　　　　　　　　　　　　“彩色半调”效果图

图 8-1　“彩色半调”对话框和效果

第二节　杂 色 滤 镜

杂色滤镜是向图像中添加或移去杂色或带有随机分布色阶的像素，有助于将像素混合到周围的像素中去。

1. 中间值

此滤镜通过用规定半径内像素的平均亮度值来取代半径中心像素的亮度值以减少图像的杂色，在消除或减少图像的动感效果时非常有用。

2. 去斑

检测图像边缘颜色变化较大的区域，通过模糊除边缘以外的其他部分以起到消除杂色的作用，但不损失图像的细节。

3. 添加杂色

将随机像素应用于图像。此滤镜也可用于减少羽化选区或渐变填充中的条纹，或使经过重大修饰的区域看起来更真实，如图 8-2 所示。“添加杂色”对话框中的选项说明如下：

对话框　　　　　　　　　　“添加杂色”效果图

图 8-2　“添加杂色”对话框和效果

数量：控制添加杂色的百分比。

平均分布：使用随机分布产生杂色。

高斯分布:根据高斯钟形曲线进行分布,产生的杂色效果更明显。

单色:添加的杂色将只影响图像的色调,而不会改变图像的颜色。

4. 蒙尘与划痕

通过捕捉图像或选区中相异的像素,并将其融入周围的图像中来减少杂色。其下的选项说明如下:

半径:控制捕捉相异像素的范围。

阈值:用于确定像素的差异究竟达到多少时才被消除。

第三节　模糊滤镜

模糊滤镜用来减少相邻像素间颜色的过于清晰和过强的对比,以此产生晕化柔和效果,也可以产生柔和的阴影。

1. 动感模糊

对图像沿着指定的方向(－360°～＋360°),以指定的强度(1～999)进行模糊,如图 8－3 所示。

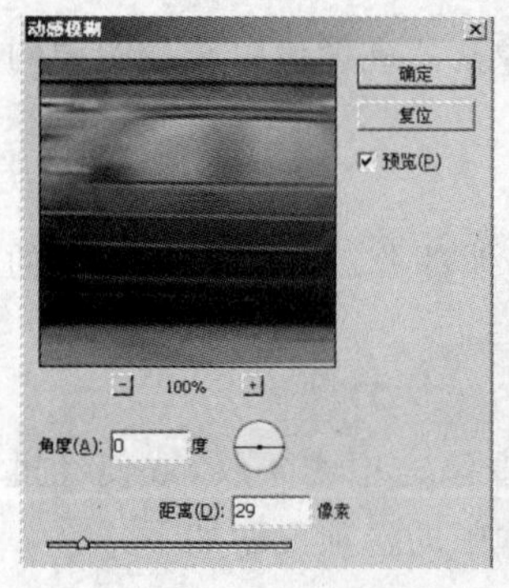

对话框　　原图　　“动感模糊”效果图

图 8－3　“模糊滤镜”对话框和效果

2. 平均

找出图像或选取范围的平均颜色,然后以该颜色填充图像或选取范围,建立平滑的外观。

3. 径向模糊

模拟移动或旋转的相机所产生的模糊,产生一种柔化的模糊,如图 8－4 所示。

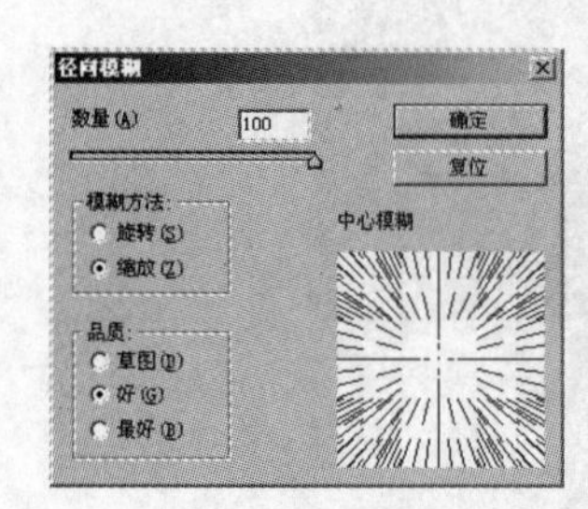

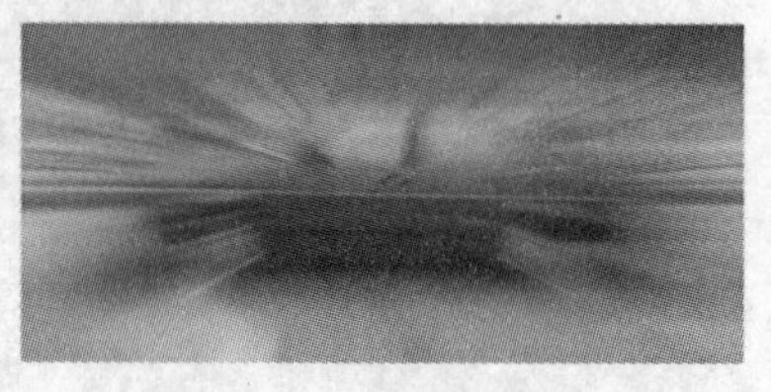

对话框　　原图　　“径向模糊”效果图

图 8－4　“径向模糊”对话框和效果

4. **模糊/进一步模糊**

产生轻微模糊效果，可消除图像中的杂色，如果只应用一次效果不明显，可重复应用。“进一步模糊”产生的模糊效果为“模糊”效果的 3～4 倍，如图 8－5 所示。

“模糊”效果图

“进一步模糊”效果图

图 8－5　“模糊”和“进一步模糊”效果

5. **特殊模糊**

产生多种模糊效果精确模糊图像，使图像的层次感减弱。

6. **高斯模糊**

按指定的值快速模糊图像，产生一种朦胧的效果，如图 8－6 所示。

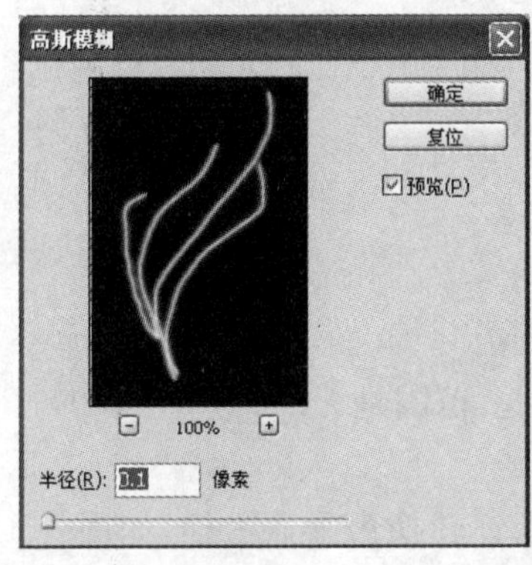

对话框

绘画线条

“高斯模糊”效果图

图 8－6　“高斯模糊”对话框和效果

7. **镜头模糊**

镜头模糊可以在保持图像中某些像素清晰的同时，让其他区域变模糊。也可以使用 Alpha通道或图层蒙版来建立特殊的模糊效果。

第四节　扭曲滤镜

扭曲滤镜将图像进行几何扭曲，创建 3D 或其他变形效果。此类滤镜可能占用大量的内存。“扭曲”子菜单中的“置换”、“切变”、“波浪”滤镜用下列方式处理滤镜未定义的区域：

折回：用图像另一边的内容填充未定义的空间。

重复边缘像素：按指定的方向沿图像边缘扩展像素的颜色。如果边缘像素颜色不同，则可能产生条纹。

切变:通过沿一条曲线扭曲图像,用户可以调整曲线上的任何一点,如图 8－7 所示。

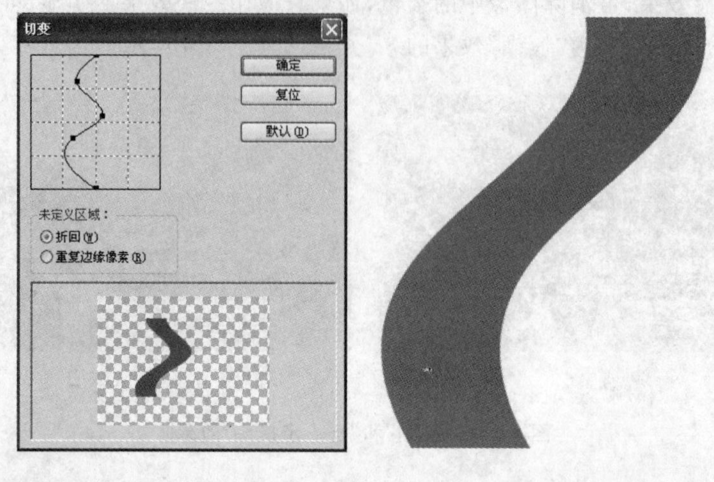

对话框　　　　　　　　“切变”效果图

图 8－7 “切变”对话框和应用效果

1. **扩散亮光**

在图像的亮区添加透明的背景色颗粒并向外进行扩散添加,产生一种类似发光的效果。此滤镜不能应用于 CMYK 和 Lab 模式的图像。其下的选项说明如下:

粒度:添加背景色颗粒的数量。

发光量:增加图像的亮度。

清除数量:控制背景色影响图像的区域大小。

2. **挤压**

使图像的中心产生凹凸的效果。其下的选项说明为:

数量:控制挤压的强度,正值向内挤压,负值向外凸起,范围是－100%～＋100%。

3. **极坐标**

可将图像的坐标从平面坐标转换为极坐标或从极坐标转换为平面坐标,如图 8－8 所示。“极坐标”对话框中的选项说明如下:

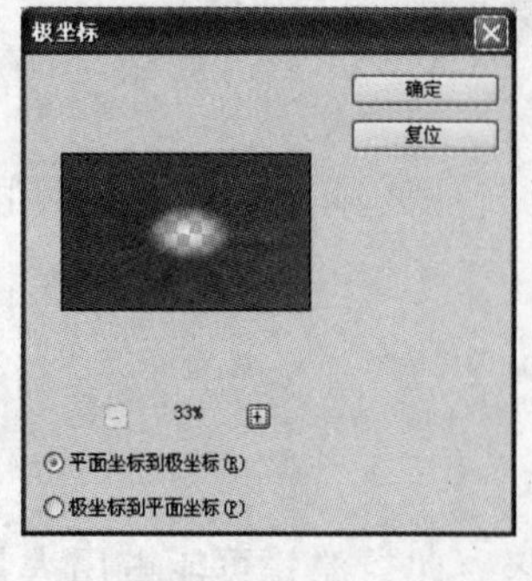

对话框　　　　　　　　“极坐标”效果图

图 8－8 “极坐标”对话框和效果

平面坐标到极坐标:将图像从平面坐标转换为极坐标。

极坐标到平面坐标:将图像从极坐标转换为平面坐标。

4. 旋转扭曲

按指定角度对图像产生旋转扭曲的效果，如图 8－9 所示。“旋转扭曲”对话框中的选项说明为：

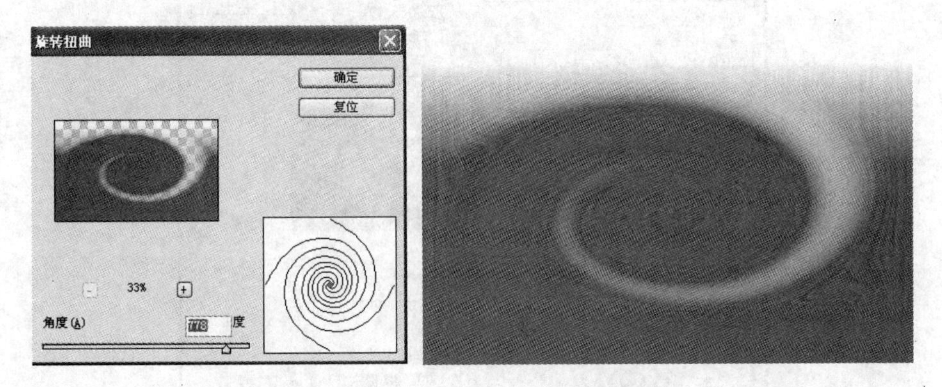

对话框　　　　　　　　　　　　“旋转扭曲”效果图

图 8－9　“旋转扭曲”对话框和效果

角度：调节旋转的角度，范围是－999°～＋999°。

5. 水波

使图像产生同心圆状的波纹效果，如图 8－10 所示。“水波”对话框中的选项说明如下：

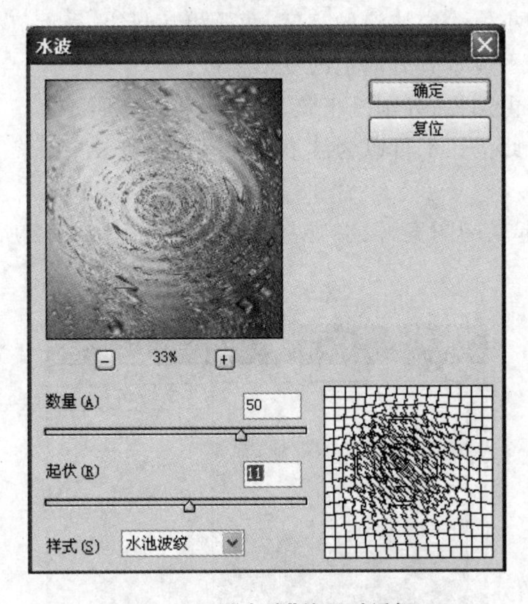

图 8－10　“水波”效果对话框

数量：为波纹的波幅。

起伏：控制波纹的密度。

围绕中心：将图像的像素绕中心旋转。

从中心向外：靠近或远离中心置换像素。

水池波纹：将像素置换到中心的左上方和右下方。

6. 波浪

用数字控制图像扭曲变形的形状，如图 8－11 所示。“波浪”对话框中的选项说明如下：

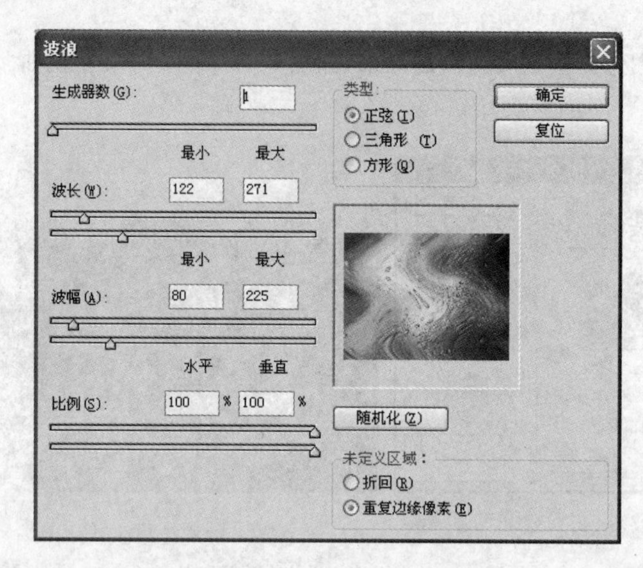

图 8-11 "波浪"效果对话框

生成器数:控制产生波浪的数量,范围是 1～999。

波长:其最大值与最小值决定相邻波峰之间的距离,两值相互制约,最大值必须大于或等于最小值。

波幅:其最大值与最小值决定波浪的高度,两值相互制约,最大值必须大于或等于最小值。

比例:控制图像在水平或垂直方向上的变形程度。

类型:有三种类型可供选择,分别是正弦、三角形和正方形。

随机化:每单击一下此按钮都可以为波浪指定一种随机效果。

7. 波纹

在图像上创建波状起伏的图案,像水池表面的波纹,如图 8-12 所示。"波纹"对话框中的选项说明如下:

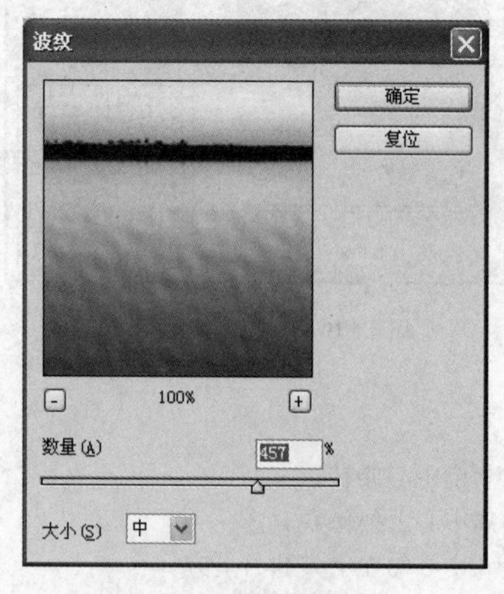

图 8-12 "波纹"效果对话框

数量:控制波纹的变形幅度,范围是－999%～＋999%。

大小:有大、中和小三种波纹。

应用了“风滤镜”和“波纹滤镜”的效果如图 8－13 所示。

原图　　　　“风”效果图　　　　“波纹”效果图

图 8－13　“风”和“波纹”效果

8. 海洋波纹

将随机分隔的波纹添加到图像表面,使图像看上去像是在水中。此滤镜不能应用于 CMYK 和 Lab 模式的图像。效果如图 8－14 所示。其下的选项说明如下:

波纹大小:调节波纹的尺寸。

波纹幅度:控制波纹振动的幅度。

9. 玻璃

使图像看上去如同隔着玻璃观看一样,此滤镜不能应用于 CMYK 和 Lab 模式的图像。对话框和效果图如图 8－15 和图 8－16 所示。“玻璃”对话框中的选项说明如下:

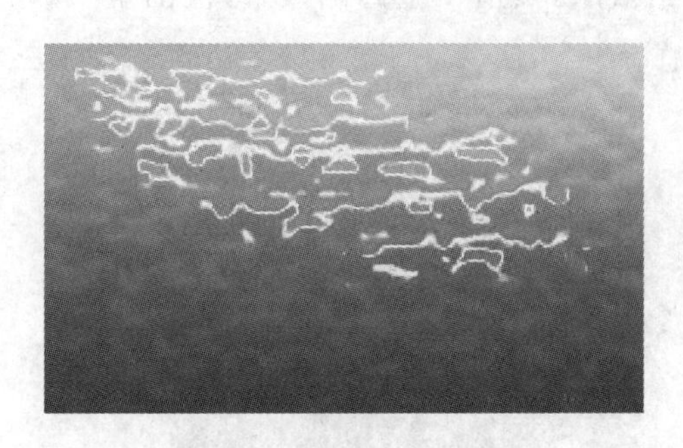

图 8－14　“海洋波纹”效果图

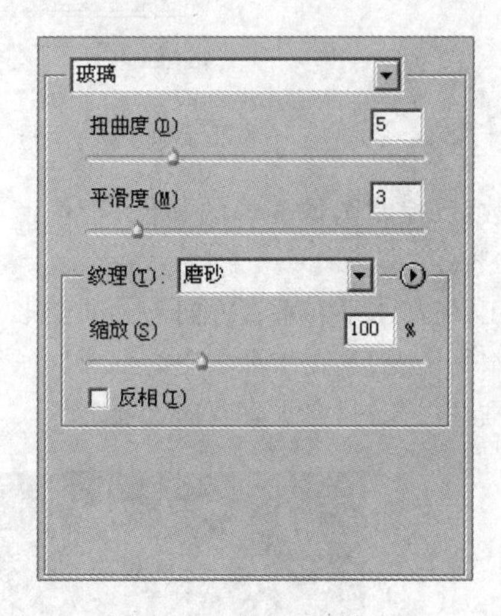

图 8－15　“玻璃”对话框

扭曲度:控制图像的扭曲程度,范围是 0～20。

平滑度:平滑图像的扭曲效果,范围是 1～15。

纹理:可以指定纹理效果,可以选择现成的结霜、块、画布和小镜头纹理,也可以载入别的纹理。

缩放:控制纹理的缩放比例。

反相:使图像的暗区和亮区相互转换。

10. 球面化

以使选区中心的图像产生凸出或凹陷的球体效果,类似挤压滤镜的效果。对话框和效果图如图 8－17 和图 8－18 所示。“球面化”对话框中的选项说明如下:

原图

“塑料包装”效果图

“玻璃”效果图

图 8-16 “塑料包装”和“玻璃”效果

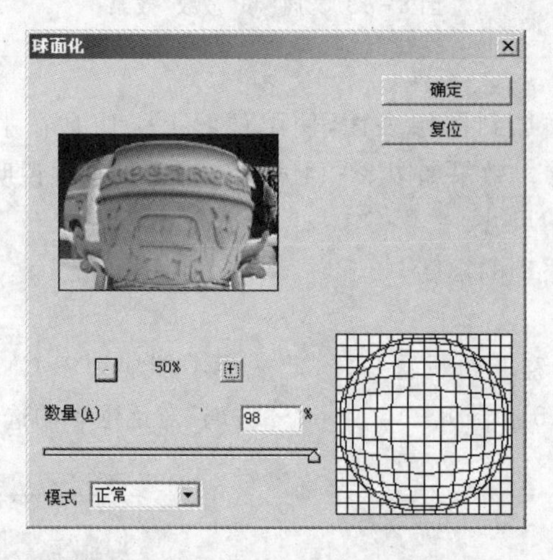

图 8-17 “球面化”效果对话框

数量:控制图像变形的强度,正值产生凸出效果,负值产生凹陷效果,范围是－100%～＋100%。

正常:在水平和垂直方向上共同变形。

水平优先:只在水平方向上变形。

垂直优先:只在垂直方向上变形。

原图

“球面化”效果图

图 8-18 “球面化”效果

11. 置换

选择一个 PSD 格式的图像文件确定如何扭曲图像,滤镜根据此图像上的颜色值移动图像像素,可以产生弯曲、碎裂的图像效果。其下的选项说明如下:

水平比例:滤镜根据置换图的颜色值将图像的像素在水平方向上移动多少。

垂直比例:滤镜根据置换图的颜色值将图像的像素在垂直方向上移动多少。

伸展以适合:为变换置换图的大小以匹配图像的尺寸。

拼贴:将置换图重复覆盖在图像上。

效果如图 8-19 所示。

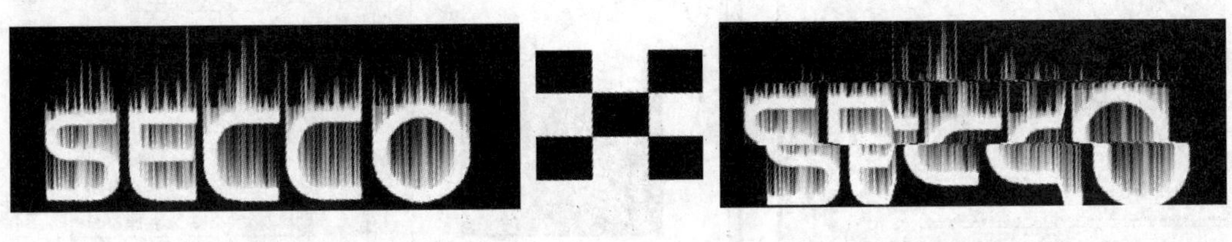

原图　　置换图　　“置换”效果图

图 8-19 “置换”效果

第五节 渲染滤镜

渲染滤镜将图像映射成三维效果,在图像中创建 3D 形状(立方体、球面和圆柱)、云彩图案、折射图案和模拟的光反射。也可从灰度文件创建纹理填充效果。

1. 云彩/分层云彩

云彩滤镜将前景色和背景色随机分布,分层云彩第一次使用时,将前景色与背景色的补色产生随机分布,应用此滤镜几次之后,会创建出与大理石的纹理相似的边缘和叶脉图案。

技巧:按住“Alt”键使用此滤镜,将会使生成的效果更强烈。

将前景色与背景色分别设置为红色与绿色,使用“云彩”和“分层云彩”后的效果如图 8-20 所示。

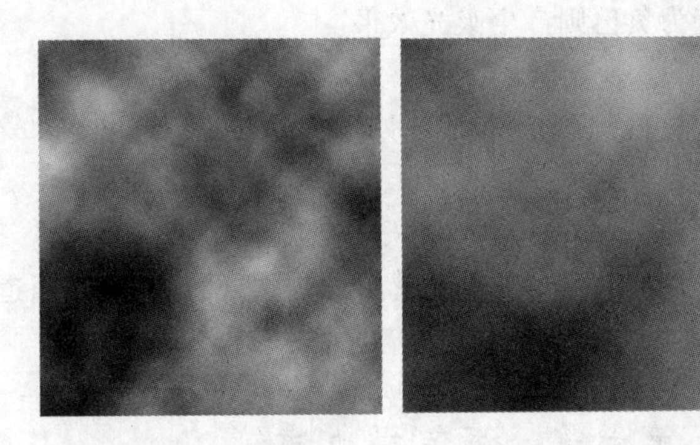

“云彩”效果图　　“分层云彩”效果图

图 8-20 “云彩”和“分层云彩”效果

2. 镜头光晕

模拟亮光照射到相机镜头所产生的光晕效果。通过拖移“十”字线来改变光晕中心的位置。此滤镜不能应用于灰度、CMYK 和 Lab 模式的图像。对话框如图 8-21 所示。

3. 光照效果

使用 17 种光照样式、3 种光照类型、4 套光照属性和一个灰度文件的纹理通道,在 RGB 图像上产生无数种光照效果。此滤镜不能应用于灰度、CMYK 和 Lab 模式的图像。对话框如图

8-22 所示,选项说明如下:

图 8-21 "镜头光晕"对话框

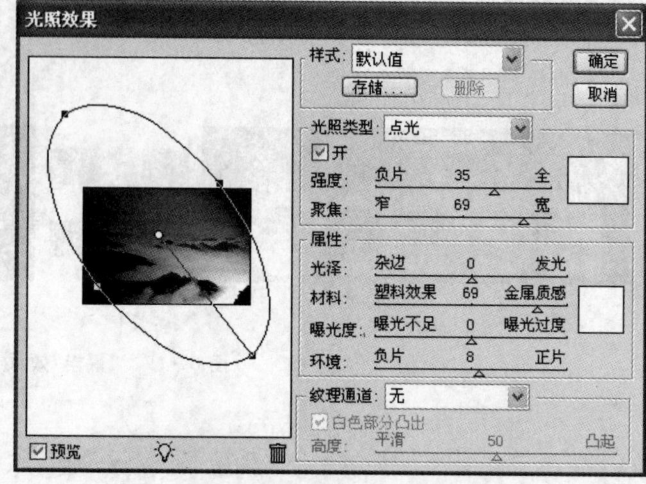

图 8-22 "光照效果"对话框

样式:滤镜自带了 17 种灯光布置样式,可以直接调用也可以通过添加光照将自己的设置存储为样式。

添加光照:将对话框底部的光照图标拖移到预览区域中。最多可获得 16 种光照。

删除光照:将光照的中央圆圈拖移到预览窗口右下侧的"垃圾箱"按钮中。

平行光:均匀地照射整个图像。此光照类型类似太阳光。

全光源:光源为直射状态,投射下圆形光圈。

点光:当光源的照射范围框为椭圆形时为斜射状态,投射下椭圆形的光圈;当光源的照射范围框为圆形时为直射状态,效果与全光源相同。

强度:调节灯光的亮度,若为负值则产生吸光效果。

聚焦:调节灯光的衰减范围。

属性:每种灯光都有光泽、材料、曝光度和环境四种属性。通过单击窗口右侧的两个色块可以设置光照颜色和环境色。

纹理通道:选择要建立凹凸效果的通道。

白色部分凸出:默认此项为勾选状态,若取消此项的勾选,凸出的将是通道中的黑色部分。

高度:控制纹理的凹凸程度。

第六节　画笔描边滤镜

画笔描边滤镜主要模拟使用不同的画笔和油墨进行描边创造出的绘画效果。此类滤镜不能应用于 CMYK 和 Lab 模式。

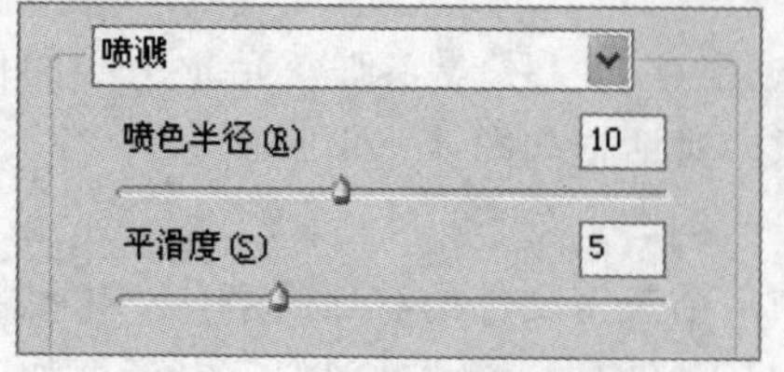

图 8-23 "喷溅"对话框

1. 喷溅

创建一种类似透过浴室玻璃观看图像的效果。对话框如图 8-23 所示,选项说明如下:

喷色半径:喷溅色块的半径。

平滑度:喷溅色块之间过渡的平滑度。

效果如图 8－24 所示。

原图

“喷溅”效果图

图 8－24　“喷溅”效果

2. 喷色描边

使用图像的主导色，用成角的、喷溅的颜色线条重新绘画图像。其下的选项说明如下：

线条长度：调节勾画线条的长度。

喷色半径：形成喷溅色块的半径。

描边方向：控制喷色的走向，共有垂直、水平、左对角线和右对角线四种方向。

效果如图 8－25 所示。

原图

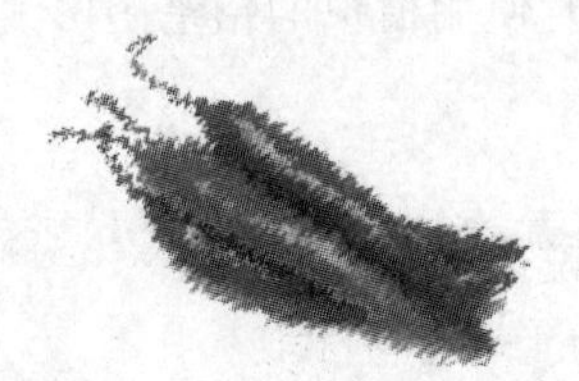
“喷色描边”的右对角线方向

“喷色描边”的垂直方向

图 8－25　“喷色描边”效果

3. 强化边缘

将图像的色彩边界进行强化处理，设置较高的边缘亮度值，将增大边界的亮度；设置较低的边缘亮度值，将降低边界的亮度。其下的选项说明如下：

边缘宽度：设置强化的边缘的宽度。

边缘亮度：控制强化的边缘的亮度。

平滑度：调节被强化的边缘，使其变得平滑。

效果如图 8－26 所示。

原图

“强化边缘”效果图

图 8－26　“强化边缘”效果

4. 成角线条

使用成角的线条重新绘制图像。用一个方向的线条绘制图像的亮区,用相反方向的线条绘制暗区。其下的选项说明如下:

方向平衡:可以调节向左下角和右下角勾画的强度。

线条长度:控制成角线条的长度。

锐化程度:调节勾画线条的锐化度。

效果如图 8-27 所示。

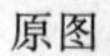

原图　　“成角线条”效果图

图 8-27 “成角线条”效果

5. 深色线条

用短的线条绘制图形中接近黑色的暗区,用长的白色线条绘制图像中的亮区。其下的选项说明如下:

平衡:控制笔触的方向。

黑色强度:控制图像暗区线条的强度。

白色强度:控制图像亮区线条的强度。

6. 阴影线

保留原图像的细节和特征,同时使用模拟的铅笔阴影线添加纹理,并使图像中彩色区域的边缘变粗糙。其下的选项说明如下:

线条长度:控制线条的长度。

锐化程度单元格:控制图像的锐化程度。

强度:控制线条的次数,范围为 1～3。

效果如图 8-28 所示。

原图　　“阴影线”效果图

图 8-28 “阴影线”效果

第七节 素描滤镜

素描滤镜将纹理添加到图像上可获得 3D 效果,此滤镜还适用于创建美术或手绘外观。许多素描滤镜在重绘图像时使用前景色和背景色。此类滤镜不能应用在 CMYK 和 Lab 模式下。

1. 便条纸

模拟纸浮雕的效果。是结合使用“风格化”|“浮雕效果”和“纹理”|“颗粒”滤镜的效果。图

像的暗区显示为纸张上层中的洞，从而显示背景色。其下的选项说明如下：

图像平衡：用于调节图像中凸出和凹陷所影响的范围。凸出部分用前景色填充，凹陷部分用背景色填充。

粒度：控制图像中添加颗粒的数量。

凸现：调节颗粒的凹凸效果。

效果如图 8－29 所示。

原图

“便条纸”效果图

图 8－29　“便条纸”效果

2. 半调图案

图像的暗部映射为前景色，亮部映射为背景色。在保持连续的色调范围的同时，模拟半调网屏的效果。其下的选项说明如下：

大小：可以调节图案的尺寸。

对比度：可以调节图像的对比度。

图案类型：包含圆形、网点和直线三种类型。

效果如图 8－30 所示。

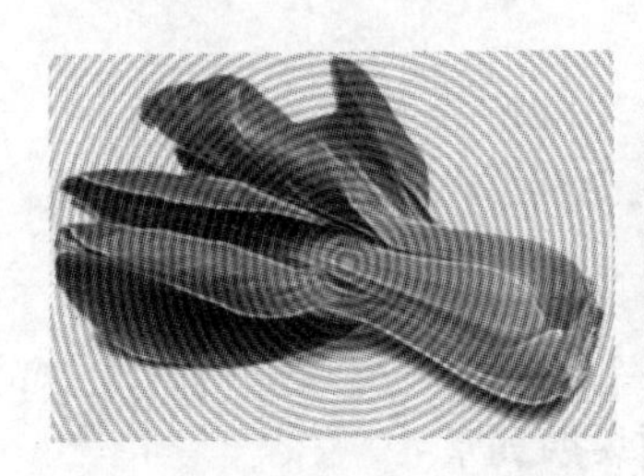

“半调图案”中的圆形效果图

“半调图案”中的网点效果图

“半调图案”中的直线效果图

图 8－30　“半调图案”效果

3. 图章

图像的暗部映射为前景色，亮部映射为背景色。简化图像，使之呈现图章盖印的效果，此滤镜用于黑白图像时效果最佳。其下的选项说明如下：

明/暗平衡：调节图像的对比度。

平滑度：控制图像边缘的平滑程度。

效果如图 8－31 所示。

4. 塑料效果

模拟塑料浮雕效果，并使用前景色和背景色为结果图像着色。暗区凸起，亮区凹陷。对话

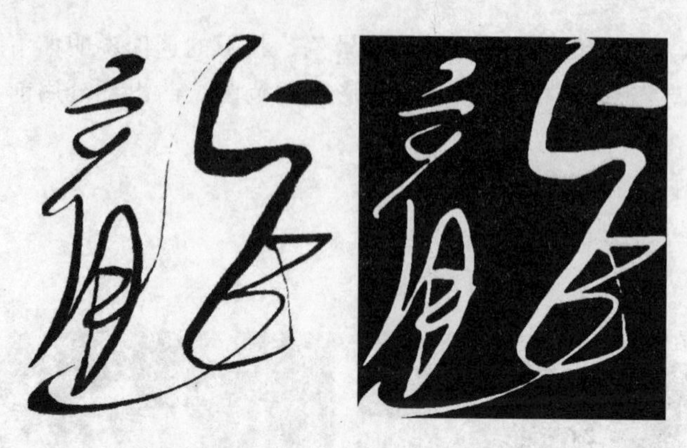

原图　　　　　　　　"图章"效果图

图 8 - 31 "图章"效果

框如图 8 - 32 所示,选项说明如下:

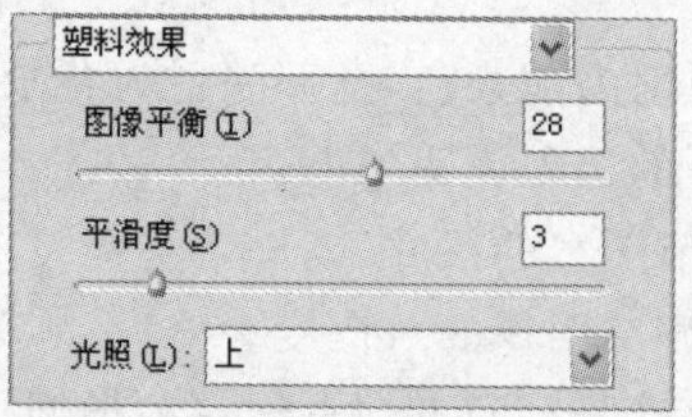

图 8 - 32 "塑料效果"对话框

图像平衡:控制前景色和背景色的平衡。

平滑度:控制图像边缘的平滑程度。

光照:确定图像的受光方向。

5. 撕边

重建图像,使之呈粗糙、撕破的纸片状,然后使用前景色与背景色给图像着色。此滤镜对于由文字或高对比度对象组成的图像尤其有用。其下的选项说明如下:

图像平衡:控制前景色和背景色的平衡。

平滑度:控制图像边缘的平滑程度。

对比度:用于调节结果图像的对比度。

效果如图 8 - 33 所示。

原图　　　　　　　　"撕边"效果图

图 8 - 33 "撕边"效果

6. **水彩画纸**

像在潮湿的纤维纸上涂抹，使颜色流动并混合。此滤镜与前景色、背景色无关。其下的选项说明如下：

纤维长度：为勾画线条的尺寸。

亮度：控制图像的亮度。

对比度：控制图像的对比度。

效果如图 8－34 所示。

原图

"水彩画纸"效果图

图 8－34　"水彩画纸"效果

7. **炭笔**

重绘图像，产生色调分离的、涂抹的效果。主要边缘以粗线条绘制，而中间色调用对角描边进行素描。炭笔是前景色，纸张是背景色。其下的选项说明如下：

炭笔粗细：勾画线条的尺寸。

细节：重绘的精度。

明暗平衡：控制图像的色调比例。

效果如图 8－35 所示。

原图

"炭笔"效果图

图 8－35　"炭笔"效果

8. 粉笔和炭笔

创建类似炭笔素描的效果。粉笔绘制图像背景,炭笔线条勾画暗区;粉笔绘制区应用背景色,炭笔绘制区应用前景色。其下的选项说明如下:

炭笔区:控制炭笔区的勾画范围。

粉笔区:控制粉笔区的勾画范围。

描边压力:控制图像勾画的对比度。

9. 绘图笔

使用细的、线状的油墨描边以获取原图像中的细节,多用于对扫描图像进行描边。此滤镜使用前景色作为油墨,并使用背景色作为纸张,以替换原图像中的颜色。其下的选项说明如下:

线条长度:决定线状油墨的长度。

明/暗平衡:用于控制图像的对比度。

描边方向:为油墨线条的走向。

10. 铬黄

将图像处理成银质的铬黄表面效果。亮部为高反射点,暗部为低反射点。此滤镜与前景色、背景色无关。其下的选项说明如下:

细节:控制细节表现的程度。

平滑度:控制图像的平滑度。

效果如图 8-36 所示。

原图

"铬黄"并颜色叠加效果图

图 8-36 "铬黄"效果

第八节 纹理滤镜

1. 拼缀图

纹理滤镜为图像创造各种纹理材质,使图像表面具有深度感或物质感。将图像分解为用图像中该区域的主色填充的正方形。此滤镜随机减小或增大拼贴的深度,以模拟高光和暗调。其下的选项说明如下:

平方大小:设置方形图块的大小。

凸现:调整图块的凸出效果。

效果如图 8-37 所示。

原图

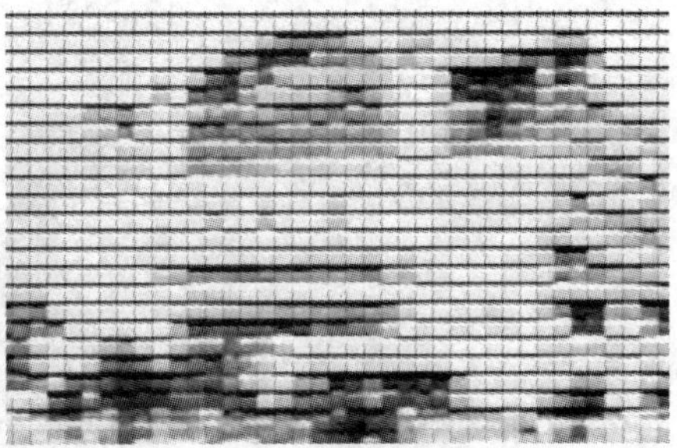

背景应用“拼缀图”效果图

图 8－37　“拼缀图”效果

2. 染色玻璃

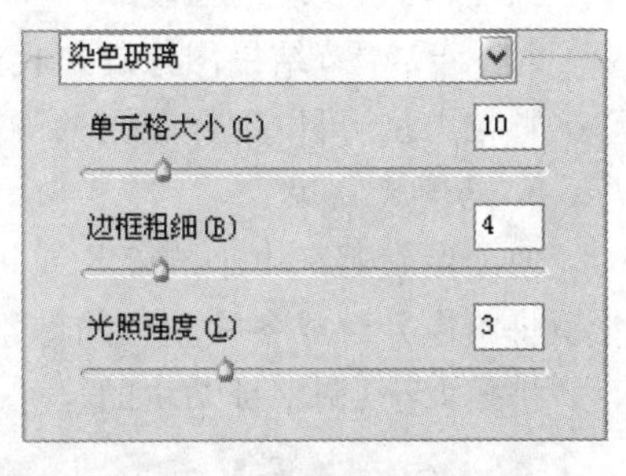

图 8－38　“染色玻璃”对话框

将图像重新绘制成彩色玻璃效果，边框由前景色填充。对话框如图 8－38 所示，选项说明如下：

单元格大小：调整单元格的尺寸。

边框粗细：调整边框的尺寸。

光照强度：调整由图像中心向周围衰减的光源亮度。

效果如图 8－39 所示。

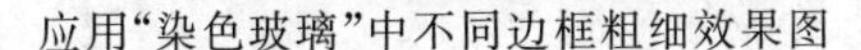

应用“染色玻璃”中不同边框粗细效果图

“染色玻璃”效果图

图 8－39　“染色玻璃”效果

3. 纹理化

将图像直接应用选择的纹理。其下的选项说明如下：

纹理：可以从砖形、粗麻布、画布和砂岩中选择一种纹理，也可以载入其他纹理。

缩放：改变纹理的尺寸。

凸现：调整纹理图像的深度。

光照方向：调整图像的光源方向。

反相：反转纹理表面的亮色和暗色。

4. 颗粒

模拟不同的颗粒（常规、软化、喷洒、结块、强反差、扩大、点刻、水平、垂直和斑点）纹理添加

到图像的效果,如图 8-40 所示。"颗粒"对话框中的选项说明如下:

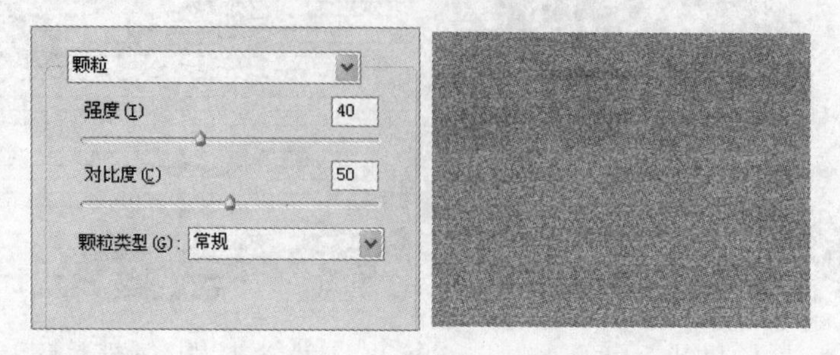

图 8-40 "颗粒"效果对话框

强度:调节纹理的强度。

对比度:调节结果图像的对比度。

颗粒类型:可以选择不同的颗粒。

5. 马赛克拼贴

使图像看起来由小的碎片或拼贴组成,而且图像呈现出浮雕效果。而"像素化"|"马赛克"滤镜将图像分解成各种颜色的像素块。其下的选项说明如下:

拼贴大小:调整拼贴块的尺寸。

缝隙宽度:调整缝隙的宽度。

加亮缝隙:对缝隙的亮度进行调整,从而起到在视觉上改变了缝隙深度的效果。

效果如图 8-41 所示。

原图　"马赛克拼贴"效果图

图 8-41 "马赛克拼贴"效果

6. 龟裂缝

根据图像的等高线生成精细的纹理。此滤镜可以对包含多种颜色值或灰度值的图像创建浮雕效果。其下的选项说明如下:

裂缝间距:调节纹理的凹陷部分的尺寸。

裂缝深度:调节凹陷部分的深度。

裂缝亮度:通过改变纹理图像的对比度来影响浮雕的效果。

第九节　艺术效果滤镜

艺术效果滤镜模拟天然或传统的艺术效果,为美术或商业项目制作绘画效果或特殊效果。此组滤镜不能应用于 CMYK 和 Lab 模式的图像。

1. 塑料包装

给图像涂上一层光亮的塑料,以强调表面细节。对话框如图 8-42 所示,选项说明如下:

高光强度:调节高光的强度。

细节:调节绘制图像细节的程度。

平滑度:控制发光塑料的柔和度。

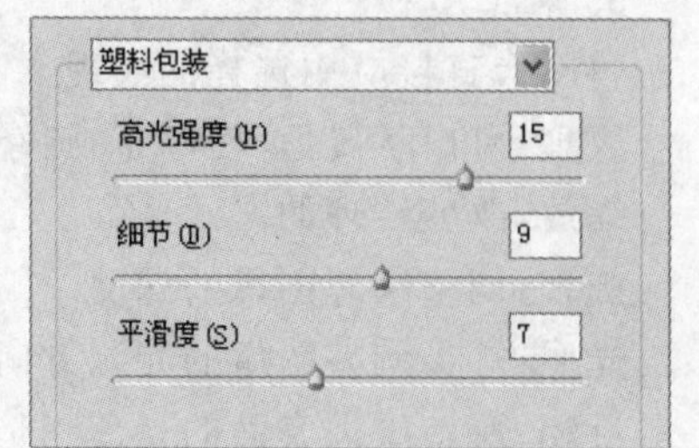

图 8-42 "塑料包装"对话框

效果如图 8 - 43 所示。

原图

"塑料包装"效果图

图 8 - 43 "塑料包装"效果

2. 壁画

使用小块的颜料来粗糙地绘制图像。其下的选项说明如下：

画笔大小：设置颜色块的尺寸。

画笔细节：调节绘制图像细节的程度。

纹理：控制绘制时的纹理细节。

3. 底纹

模拟选择的纹理与图像相互融合在一起的效果。其下的选项说明如下：

画笔大小：控制结果图像的亮度。

纹理覆盖：控制纹理与图像融合的强度。

纹理：可以选择砖形、画布、粗麻布和砂岩纹理或是载入其他的纹理。

缩放：控制纹理的缩放比例。

凸现：调节纹理的凸起效果。

光照方向：选择光源的照射方向。

反相：反转纹理表面的亮色和暗色。

效果如图 8 - 44 所示。

原图

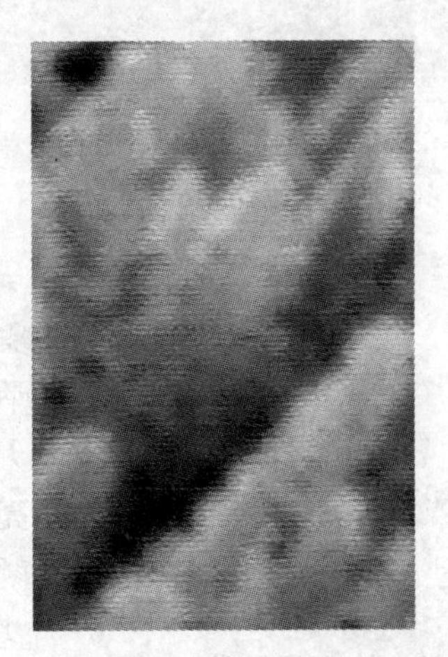

"底纹"效果图

图 8 - 44 "底纹"效果

4. 彩色铅笔

使用彩色铅笔在纯色背景上绘制图像。其下的选项说明如下：

铅笔宽度：调节铅笔笔触的宽度。

描边压力：调节铅笔笔触绘制的对比度。

纸张亮度：调节笔触绘制区域的亮度。

5. 海报边缘

减少图像中的颜色数量(色调分离)，并查找图像的边缘，在边缘上绘制黑色线条。图像中大而宽的区域有简单的阴影，而细小的深色细节遍布图像。其下的选项说明如下：

边缘厚度：调节边缘绘制的柔和度。

边缘强度：调节边缘绘制的对比度。

海报化：控制图像的颜色数量。

效果如图 8-45 所示。

6. 海绵

使用颜色对比强烈、纹理较重的区域创建图像，使图像看上去好像是用海绵绘制的。其下的选项说明如下：

画笔大小：调节色块的大小。

定义：调节图像的对比度。

平滑度：控制色彩之间的融合度。

效果如图 8-46 所示。

原图

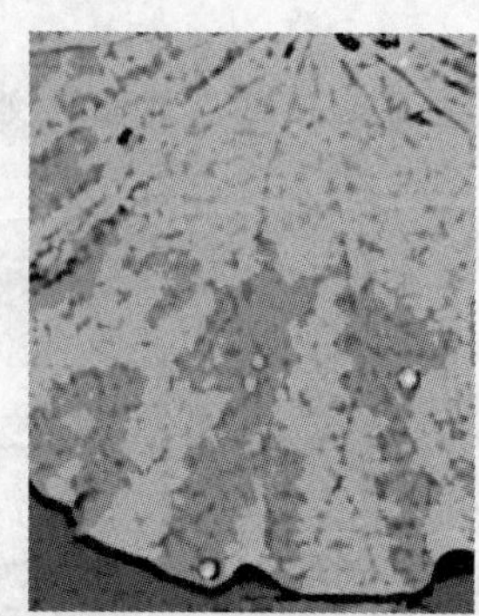

底纹中应用“海报边缘”效果图

图 8-45 “海报边缘”效果

原图

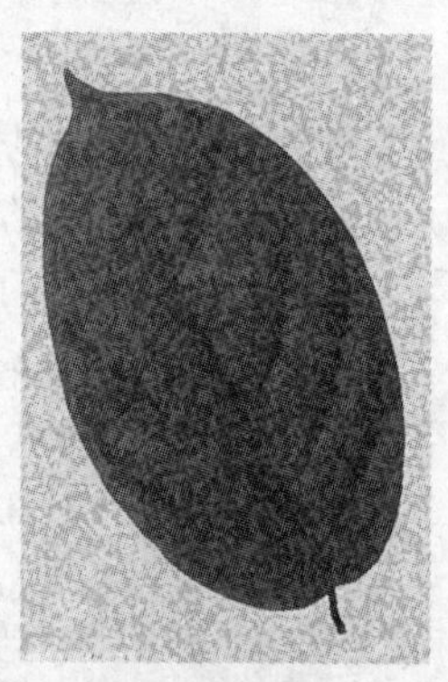

“海绵”效果图

图 8-46 “海绵”效果

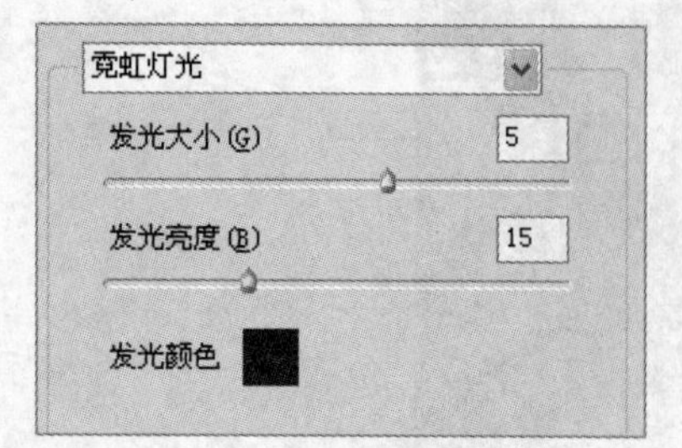

图 8-47 “霓虹灯光”对话框

7. 霓虹灯光

模拟霓虹灯光照射图像的效果，图像背景将用前景色填充。对话框如图 8-47 所示，选项说明如下：

发光大小：正值为照亮图像，负值是使图像变暗。

发光亮度：控制亮度数值。

发光颜色：设置发光的颜色。

8. 胶片颗粒

将平滑图案应用于图像的阴影色调和中间色调。将一种更平滑、饱合度更高的图案添加到图像的亮区。在消除混合的条纹和将各种来源的图素在视觉上进行统一时，此滤镜非常有用。如图 8－48 所示。“胶片颗粒”对话框中的选项说明如下：

颗粒：控制颗粒的数量。

高光区域：控制高光的区域范围。

强度：控制图像的对比度。

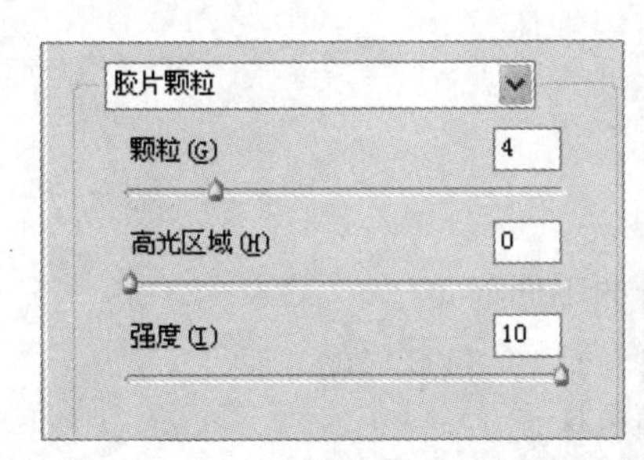

图 8－48　“胶片颗粒”效果对话框

第十节　锐化滤镜

锐化滤镜通过增加相邻像素的对比度来使模糊图像变清晰。

1. USM 锐化

按指定的阈值定位不同于周围像素的像素，并按指定的数量增加像素的对比度。USM 锐化滤镜可以用于校正摄影、扫描、重新取样或打印过程产生的模糊，如图 8－49 所示。“USM 锐化”对话框中的选项说明如下：

数量：确定增加像素对比度的数量。对于高分辨率的打印图像，建议使用 150％～200％的数量。

半径：确定边缘像素周围影响锐化的像素数目。对于高分辨率图像，建议使用 1～2 的半径值。

阈值：确定锐化的像素必须与周围区域相差多少，才被滤镜看做边缘像素并被锐化。为避免产生杂色，例如，带肉色调的图像，用 2～20 的阈值。默认的阈值 0 锐化图像中的所有像素。

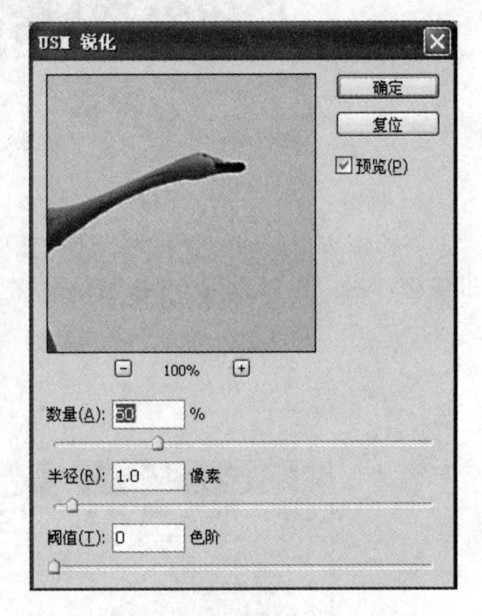

图 8－49　“USM 锐化”效果对话框

2. 锐化/进一步锐化

聚焦选区，提高其清晰度。“进一步锐化”滤镜比“锐化”滤镜应用后有更强的锐化效果。

3. 锐化边缘

只锐化图像的边缘，同时保留总体的平滑度。

第十一节　风格化滤镜

风格化滤镜通过置换像素与查找并提高图像的对比度，可以强化图像的色彩边界，在选区中生成绘制效果或印象派效果。

1. 凸出

将图像分割为指定的三维立方块或棱锥体。此滤镜不能应用在 Lab 模式下。其下的选项说明如下：

块:将图像分解为三维立方块,将用图像填充立方块的正面。

金字塔:将图像分解为类似金字塔形的三棱锥体。

大小:设置块或金字塔的底面尺寸。

深度:控制块突出的深度。

随机:选中此项后使块的深度取随机数。

基于色阶:选中此项后使块的深度随色阶的不同而定。

立方体正面:勾选此项,将用该块的平均颜色填充立方块的正面。

蒙版不完整块:使所有块的突起包括在颜色区域。

效果如图 8-50 所示。

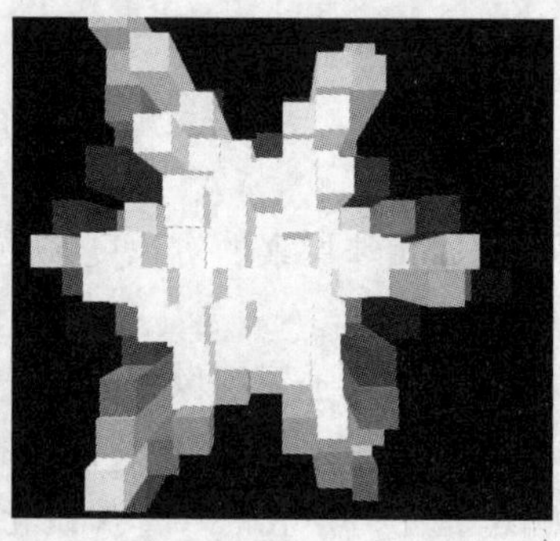

原图　　　　"凸出"效果图

图 8-50 "凸出"效果

2. 拼贴

将图像按指定的值分裂为若干个正方形的拼贴图块,并按设置的位移百分比的值进行随机偏移,如图 8-51 所示。"拼贴"对话框中的选项说明如下：

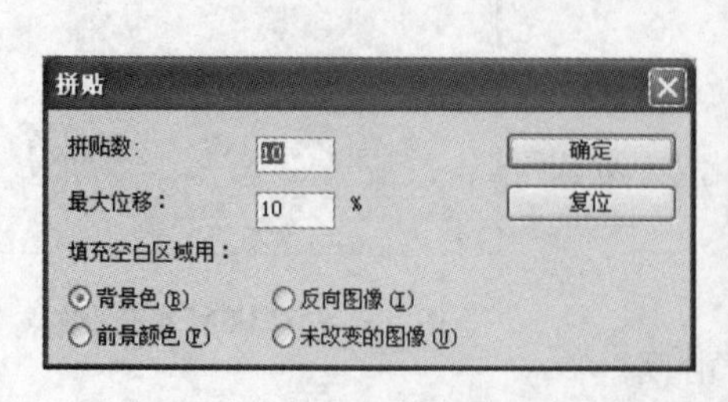

图 8-51 "拼贴"对话框和效果

拼贴数:设置行或列中分裂出的最小拼贴块数。

最大位移:为贴块偏移其原始位置的最大距离(百分数)。

背景色:用背景色填充拼贴块之间的缝隙。

前景颜色：用前景色填充拼贴块之间的缝隙。

反选图像：用原图像的反相色图像填充拼贴块之间的缝隙。

未改变的图像：使用原图像填充拼贴块之间的缝隙。

3. 曝光过度

使图像产生原图像与原图像的反相进行混合后的效果。此滤镜不能应用于 Lab 模式。

4. 查找边缘

用相对于白色背景的深色线条来勾画图像的边缘，得到图像的大致轮廓。效果如图 8-52 所示。

5. 照亮边缘

使图像的边缘产生发光效果。此滤镜不能应用于 Lab、CMYK 和灰度模式。对话框如图 8-53 所示，选项说明如下：

图 8-52　"查找边缘"效果

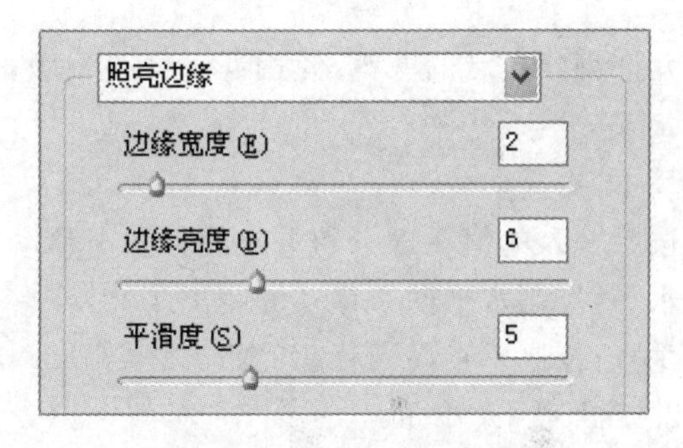

图 8-53　"照亮边缘"对话框

边缘宽度：调整被照亮的边缘的宽度。

边缘亮度：控制边缘的亮度值。

平滑度：平滑被照亮的边缘。

6. 浮雕效果

通过将图像的填充色转换为灰色，并用原填充色描画边缘，从而使选区显得凸起或压低，如图 8-54 所示。"浮雕效果"对话框中的选项说明如下：

角度：为光源照射的方向。

高度：为凸出的高度。

数量：为颜色数量的百分比，可以突出图像的细节。

图 8-54　"浮雕效果"对话框

7. 风

在图像中色彩相差较大的边界上增加细小的水平短线来模拟风的效果。其下的选项说明如下：

风：细腻的微风效果。

大风：比风效果要强烈得多，图像改变很大。

飓风：最强烈的风效果，图像已发生变形。

方向：风从左或右吹。

效果如图 8－55 所示。

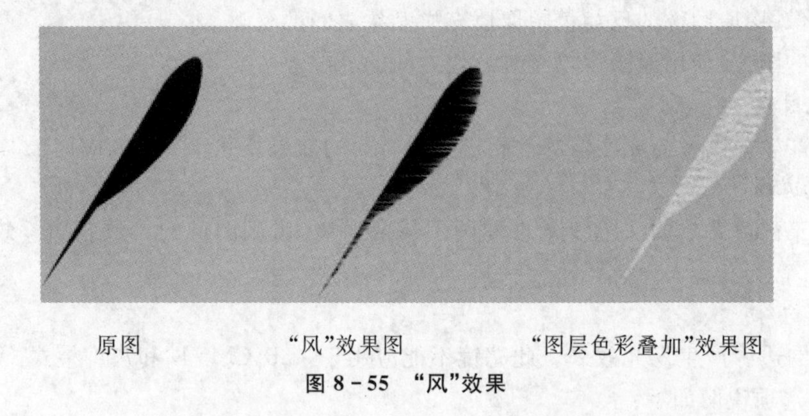

原图　　“风”效果图　　“图层色彩叠加”效果图

图 8－55　“风”效果

第十二节　其他滤镜

允许创建自己的滤镜,使用滤镜修改蒙版,使选区在图像中发生位移,以及进行快速颜色调整。

1. 位移

按照输入的值在水平和垂直的方向上移动图像。其下的选项说明如下：

水平:控制水平向右移动的距离。

垂直:控制垂直向下移动的距离。

2. 最大值/最小值

此滤镜对于修改蒙版非常有用。最大值可以扩大图像的亮区和缩小图像的暗区。当前的像素的亮度值将被所设定的半径范围内的像素的最大亮度值替换,最小值可以扩大图像的暗区和缩小图像的亮区。对话框和效果图如图 8－56 和图 8－57 所示。其下的选项说明如下：

半径:设定图像的亮区和暗区的边界半径。

图 8－56　“最大值”效果对话框

原图

“最大值”效果图

“最小值”效果图

图 8－57　“最大值/最小值”效果

3. 高反差保留

按指定的半径保留图像边缘的细节，并且不显示图像的其余部分(0.1 像素半径仅保留边缘像素)。此滤镜移去图像中的低频细节，效果与高斯模糊滤镜相反。

4. 自定

根据预定义的数学运算，可以更改图像中每个像素的亮度值。可以模拟出锐化、模糊或浮雕的效果，如图 8－58 所示。中心的文本框里的数字控制当前像素的亮度增加的倍数。“自定”对话框中的选项说明如下：

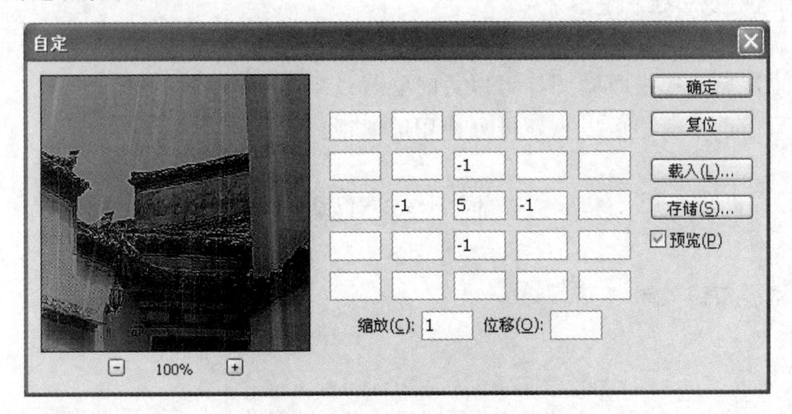

图 8－58　“自定”效果对话框

缩放：为亮度值总和的除数。

位移：为将要加到缩放计算结果上的数值。

第十三节　Digimarc 滤镜

水印是作为杂色添加到图像中的数字代码。它可以数字和打印的形式长期保存，且图像经过普通的编辑和格式转换后水印依然存在。Digimarc 滤镜的功能主要是让用户添加或查看图像中的版权信息。用户可以选择图像是受保护的还是完全免费的。有关嵌入水印的更详细信息，请访问 Digimarc Web 网站 www.digimarc.com。

第十四节　滤　镜　库

使用滤镜库可以累加地套用滤镜，也可以重复套用多次个别滤镜效果，并且为套用的滤镜提供缩略图，如图 8－59 所示。

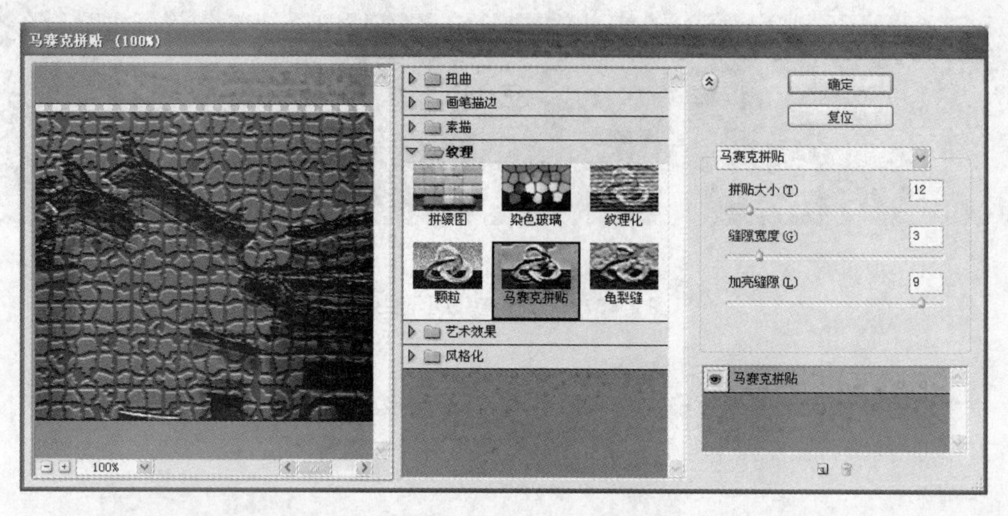

图 8-59 “滤镜库”效果对话框

累加套用滤镜的操作步骤为:

(1)选取滤镜,设置选项。

(2)单击调板底部的“新建效果”按钮。

(3)在效果清单中单击眼睛图标可以暂时隐藏效果。

(4)在效果清单中拖移可以重新排列使用的滤镜。

操作练习题

一、制作木质按钮效果

解答:

(一)制作背景

1. 新建文件,制作木纹材质背景,建立矩形选框,如图 8-01a 所示。将选区存为通道 4,取消选区。

(二)编辑变换

2. 对通道 4 执行“高斯模糊滤镜”命令,效果如图 8-01b 所示。

图 8-01a 制作木纹材质

图 8-01b “高斯模糊滤镜”效果

（三）效果修饰

3. 在 RGB 通道，执行“光照滤镜效果”命令。对话框如图 8－01c 所示，效果如图 8－01d 所示。

4. 用矩形选择工具选择主体部分，反选删除多余部分。木质按钮效果如图 8－01e 所示。

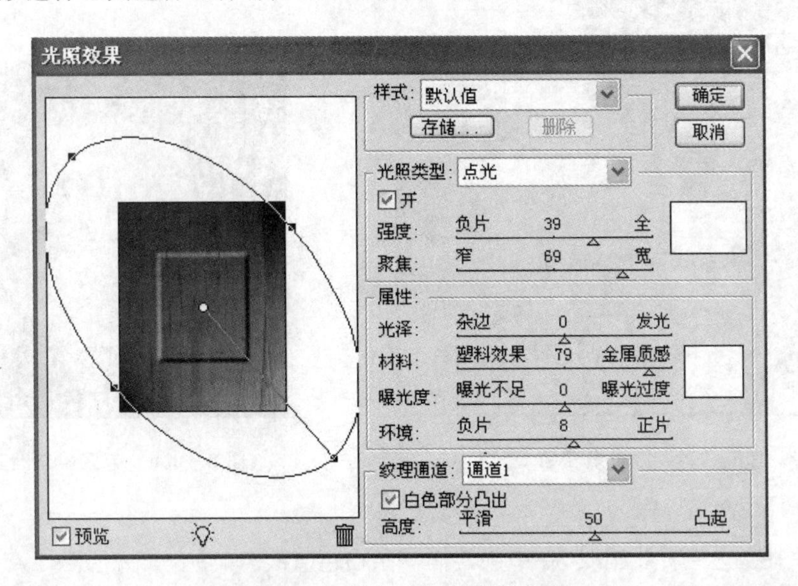

图 8－01c　“光照效果”参数设置

图 8－01d　应用“光照滤镜”效果

图 8－01e　木质按钮效果

（四）发布网页

5. 从 Photoshop 跳转到 ImageReady 软件，优化图像添加链接成网页按钮。

6. 将文件以 Xps8－01. HTML 或 GIF 网页格式保存到考生文件夹中。

二、制作行星云效果

解答：

（一）绘画涂抹

1. 新建背景为黑色的正方形文件，新建图层，建立圆形选区；设置景色为白色、背景为橙色；选择径向渐变并编辑渐变色，设置如图 8－02a 所示。

(二)色彩色调

2. 在圆形选区内,从中心到右下方渐变,效果如图 8－02b 所示。

图 8－02a　编辑渐变色

图 8－02b　选区填充渐变色

(三)编辑修饰

3. 新建图层,选择直线工具,在中间绘制一条白色直线,如图 8－02c 所示。

4. 执行"滤镜"|"风格化"|"风"命令,连续执行两次或更多,效果如图 8－02d 所示。

图 8－02c　绘制白色直线

图 8－02d　应用"风滤镜"效果

5. 执行"图像"|"旋转画布"|"90°"命令,效果如图 8－02e 所示。

6. 执行"滤镜"|"扭曲"|"极坐标"命令,效果如图 8－02f 所示。

图 8－02e　应用"旋转画布滤镜"效果

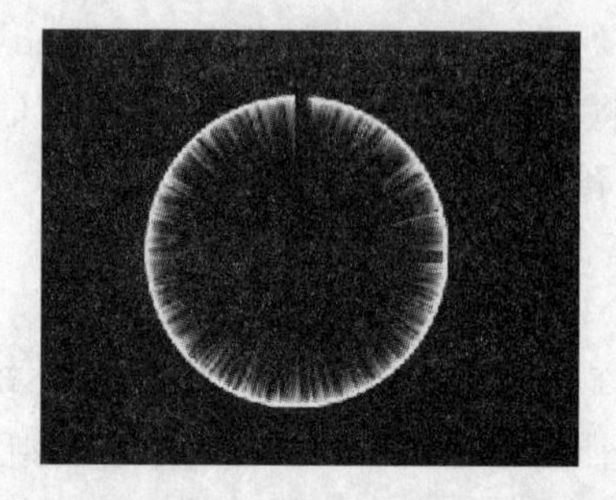

图 8－02f　应用"极坐标变换滤镜"效果

（四）效果合成

7. 通过上图的拉伸变形，环状星云与渐变球合成，再添加辉光，行星云效果如图 8－02g 所示。

8. 将文件以 Xps8－02.psd 的文件名保存在考生文件夹中。

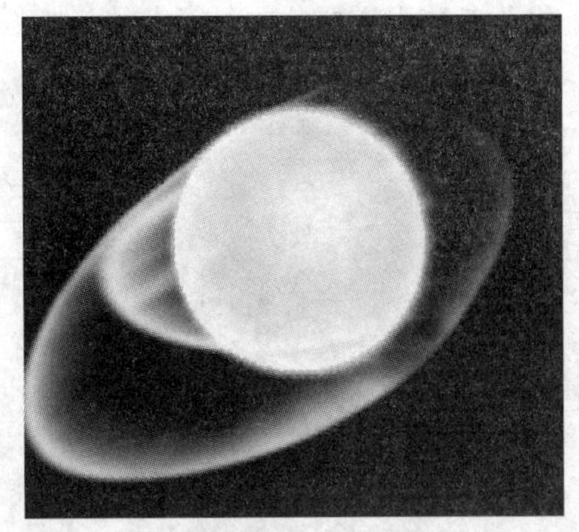

图 8－02g　行星云效果

三、使用滤镜制作漂亮纹理效果

解答：

1. 新建一个 600×800 像素的文件，按字母“D”把前背景颜色恢复到默认的黑白。然后执行：“滤镜”|“渲染”|“云彩”，确定后按“Ctrl＋Alt＋F”键加强一下，效果如图 8－03a 所示。

图 8－03a　应用“云彩滤镜”效果

2. 新建一个图层，填充颜色：＃059713，然后把图层混合模式改为“叠加”，效果如图 8－03b 所示。

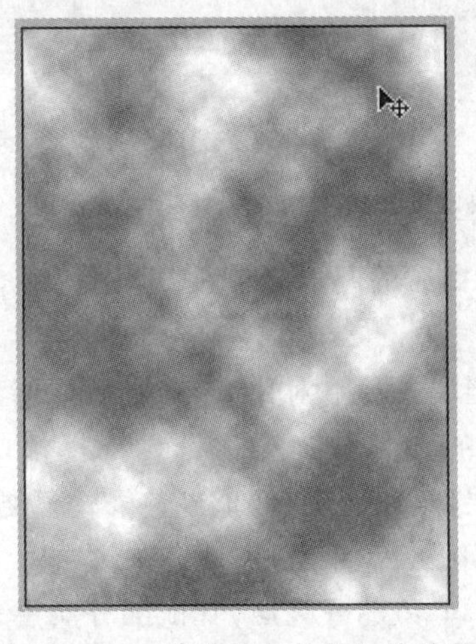

图 8－03b　填充颜色并叠加的效果

3. 新建一个图层,按"Ctrl+Alt+Shift+E"键盖印图层,执行:"滤镜"|"像素化"|"点状化",参数设置如图 8-03c,效果如图 8-03d 所示。

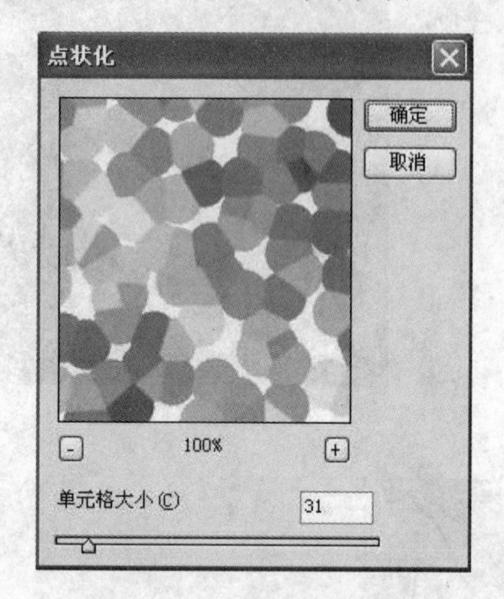

图 8-03c "点状化"参数设置

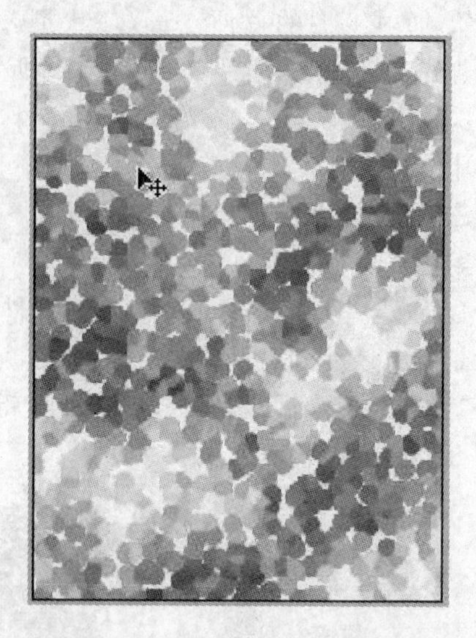

图 8-03d 应用"点状化滤镜"效果

4. 执行:"滤镜"|"模糊"|"动感模糊",参数设置如图 8-03e,效果如图 8-03f 所示。

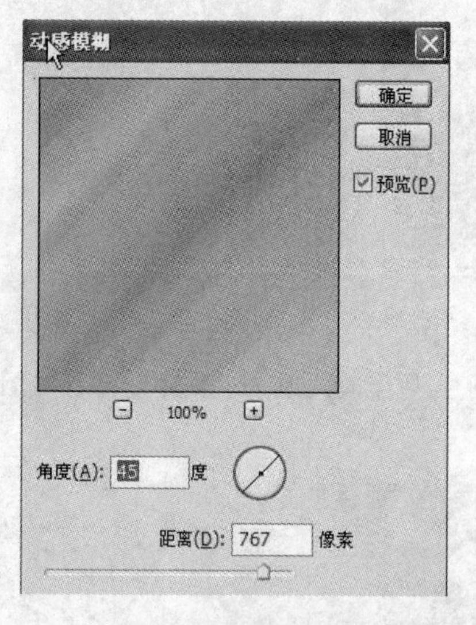

图 8-03e "动感模糊"参数设置

图 8-03f 应用"动感模糊滤镜"效果

5. 按"Ctrl+J"键把刚才模糊后的图层复制一层,图层混合模式改为"正片叠底",效果如图 8-03g 所示。

6. 创建曲线调整图层,适当调大一下对比度,确定后再创建色彩平衡调整图层,调成自己喜好的颜色,如图 8-03h 所示。

7. 新建一个图层,盖印图层,点通道调板,把红色通道复制一层,按"Ctrl+M"键调整一下副本对比度,参数设置和效果如图 8-03i 所示。

8. 选择加深工具,只保留右上角部分区域,其他部分涂黑,效果如图 8-03j 所示。

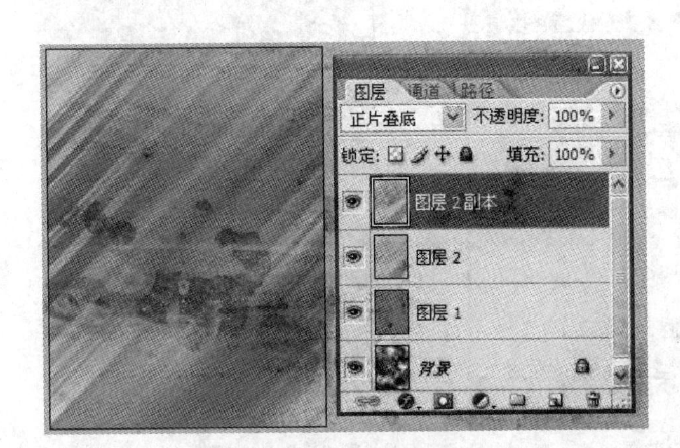

图 8-03g　“正片叠底”的效果

图 8-03h　调整后的图层

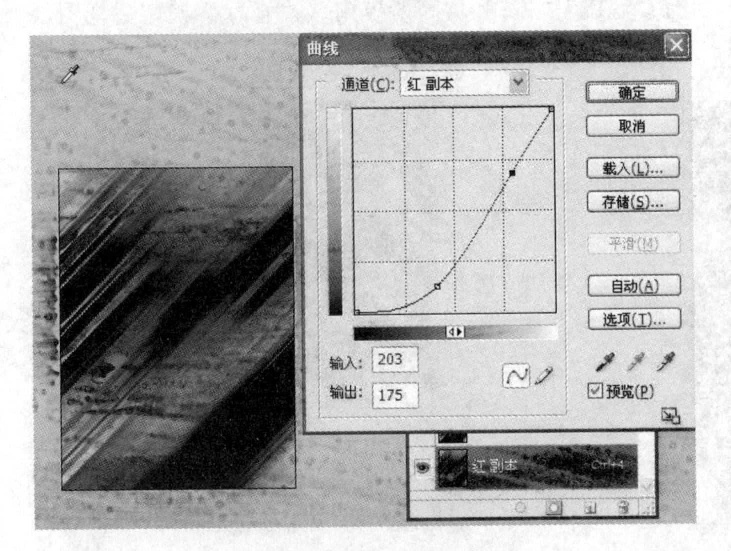

图 8-03i　“曲线”参数设置

图 8-03j　应用“曲线”效果

9. 按“Ctrl”键点图层调板，将红色通道副本缩略图调出选区，回到图层调板，按“Ctrl＋J”键把选区内图形复制到新的图层，然后适当调亮一点，效果如图 8-03k 所示。

10. 在刚才操作的图层下面新建一个图层，填充深蓝色：＃08208A，把图层混合模式改为“变暗”，加上图层蒙版，用黑白渐变由右上至左下拉出透明效果，如图 8-03l 所示。

11. 新建一个图层，盖印图层，然后把图层混合模式改为“颜色减淡”，图层不透明度改为：60％，效果如图 8-03m 所示。

12. 创建色彩平衡调整图层，适当调绿一点，效果如图 8-03n 所示。

图 8-03k　应用红色后的效果

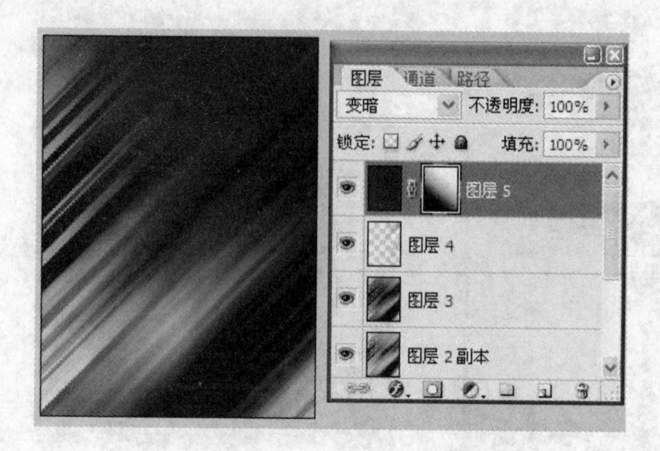

图 8－03l　填充深蓝色的效果

图 8－03m　颜色减淡的效果

13. 新建一个图层，盖印图层，执行："滤镜"|"模糊"|"高斯模糊"，数值为 5，确定后把图层混合模式改为"滤色"，效果如图 8－03o 所示。

图 8－03n　各色彩平衡后的效果

图 8－03o　滤色后的效果

14. 新建一个图层，盖印图层，按"Ctrl＋Shift＋U"键去色，然后把图层混合模式改为"叠加"，效果如图 8－03p 所示。

图 8－03p　去色叠加后的效果

15. 用钢笔工具勾出一个45°的矩形选区，如图8-03q，然后创建曲线调整图层，适当调亮一点，效果如图8-03r所示。

图8-03q 45°矩形选区

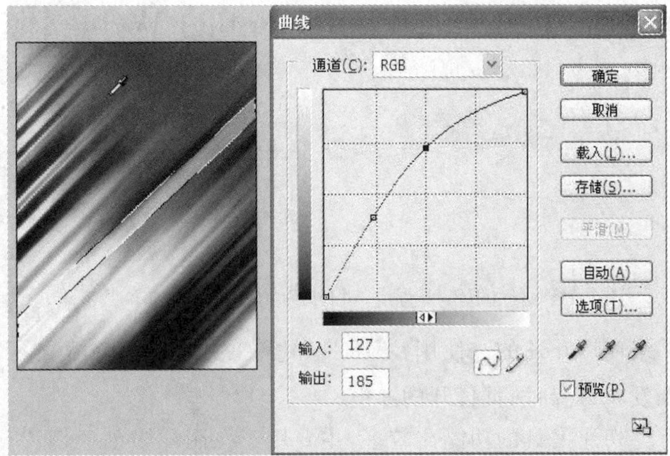

图8-03r 用"曲线"调整图层

16. 用同样的方法多做几条选区，再调亮，效果如图8-03s所示。

17. 新建一个图层，盖印图层，局部调整一下色彩，完成最终效果，如图8-03t所示。

图8-03s 多选区应用效果

图8-03t 最终效果

第九章　Photoshop 的 Web 图像处理和动态图像

第一节　切 片 工 具

Photoshop CS2 加强了对网络的支持，“切片”工具和“切片选取”工具就是针对于网络应用开发的。使用工具和工具可以将较大的图像切割为几个小图像，以便于在网上发布，提高网页打开的速度。

切片工具的功能比较多，主要用于在图像中创建切片。

1. 切片工具选项栏

单击工具箱中的工具，选项栏如图 9-1 所示。

图 9-1　“切片”工具选项栏

(1)“样式”框中有三个选项：选择“正常”选项，可以在图像中建立任意大小与比例的切片。选择“固定长宽比”选项，可以在“样式”框右侧的“宽度”框和“高度”框中设置将要创建切片的宽度和高度的比例。选择“固定大小”选项，可以在“样式”框右侧的“宽度”框和“高度”框中设置将要创建切片的宽度和高度值，单位为像素。

(2)“基于参考线的切片”按钮只有在图像窗口中设置了参考线时，方可使用。单击该按钮，可以根据当前图像中的参考线创建切片。

2. 创建切片

创建切片的方式通常有两种：一种是根据参考线进行切片，这种切片方式比较精确；另一种是利用“切片”工具直接在图像中进行切片，这种方式比较灵活，但不够精确。下面分别来介绍这两种切片方式。

1)根据参考线进行切片

根据菜单栏的“视图”|“标尺”命令，在图像窗口上方和左侧显示出标尺，如图 9-2 所示。

从上方(或左侧)标尺处开始将鼠标光标拖曳至图像窗口内适当位置松手，即可创建出水平(或垂直)的参考线。

在工具箱中选择移动工具()，将鼠标光标移至参考线上，当鼠标光标显示为双箭头时拖曳鼠标，可以调整参考线的位置。将鼠标光标移至参考线上，当鼠标光标显示为中间有双线的双箭头时，拖曳参考线至图像窗口外，即可删除该参考线。

在工具箱中选择“切片”工具，单击选项栏中的“基于参考线的切片”按钮，即可根据当前图像中的参考线创建切片。

图 9－2　根据参考线切片的标尺图

2)直接在图像中创建切片

直接在图像中创建切片的操作比较简单，只要在工具箱中选择工具，然后在图像中拖曳鼠标，即可在图像中创建切片。

3. 切片选取工具选项栏

"切片选取"工具主要用于对切片进行各种设置，如设置切片的堆叠、选项激活、分割、显示/隐藏等。在工具箱中按住工具不放，在弹出的选项栏中选择，此时的选项栏如图 9－3 所示。

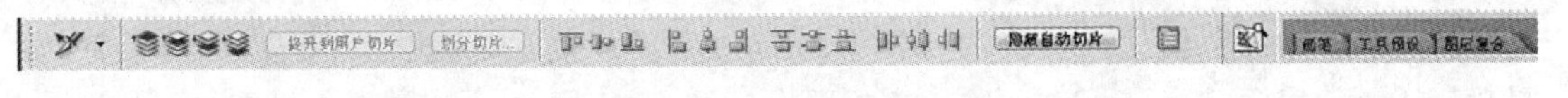

图 9－3　"切片选取"工具选项栏

下面我们就根据"切片选取"工具选项栏的功能来分别介绍这些选项。

(1)显示/隐藏切片。在直接创建切片的时候，如果从图像左上角开始创建切片，切片左上角默认的编号显示为"01"。如果从其他位置开始创建切片，新创建切片的编号就可能是"02"(从沿一边位置开始创建切片)或"03"(从图像的中间位置开始创建切片)。这是因为当不是从左上角开始创建切片时，系统根据创建切片的边线将图像的其他部分自动分割，生成了一些自动切片。切片的默认编号是从左上角开始，把所有切片(包括隐藏切片)进行编号。

当在图像中创建切片时，只有拖曳鼠标生成的切片是被激活的，其他自动产生的切片就是自动切片，自动切片默认是隐藏的。单击"显示自动切片"按钮，即可将自动切片显示出来，此时"显示自动切片"按钮显示为"隐藏自动切片"按钮，自动切片的边线显示为虚线。再次单击选项栏中的"隐藏自动切片"按钮，即可将自动切片再次隐藏起来。

(2)调整切片大小。选择工具箱中的工具，将鼠标光标移至当前切片的边线上或四角上，当鼠标光标显示为双箭头时，拖曳鼠标可以通过移动切片边线的位置来调整切片的大小。按键盘上的"Delete"键，可以删除当前切片。

(3)激活切片。当自动切片左上角的编号显示为灰色时，表示该切片没有被激活，此时切片的部分功能不能使用。要使这些切片功能可以使用，只要在图像窗口中单击要激活的切片将其选择,再单击选项栏中的“提升到用户切片”按钮,就可以将其激活。系统默认被选择切片的边线显示为橙色,其他切片的边线显示为蓝色,如图 9-4 所示。

0
5
10
15
20
01
02
03
04
05
06
42.08%

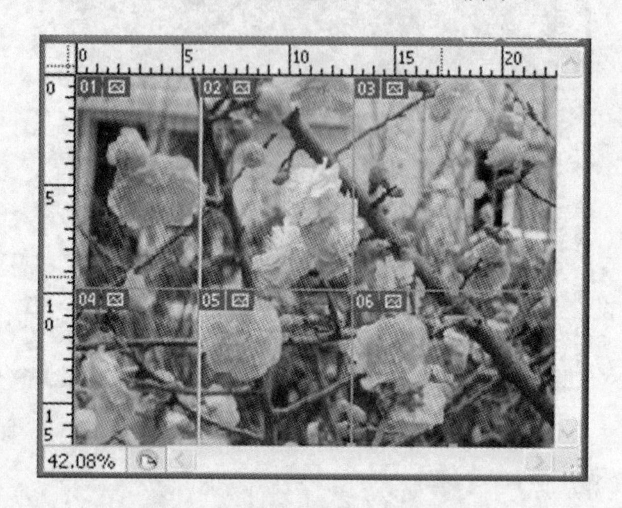

图 9-4 激活切片时的边线显示

单击“置为顶层”按钮,当前切片移至堆叠顶层。

单击“前移一层”按钮,当前切片向上移动一层。

单击“后移一层”按钮,当前切片向下移动一层。

单击“置为底层”按钮,当前切片移至堆叠底层。

(4)设置切片选项。切片的功能不仅是可以使图像分为较小的部分,以便在网页上显示,还可适当设置切片的选项,来实现一些链接及信息提示等功能。选择工具箱中的工具,在图像窗口中选择一个切片。单击选项栏中的“切片选项”按钮,弹出“切片选项”对话框,如图 9-5 所示。

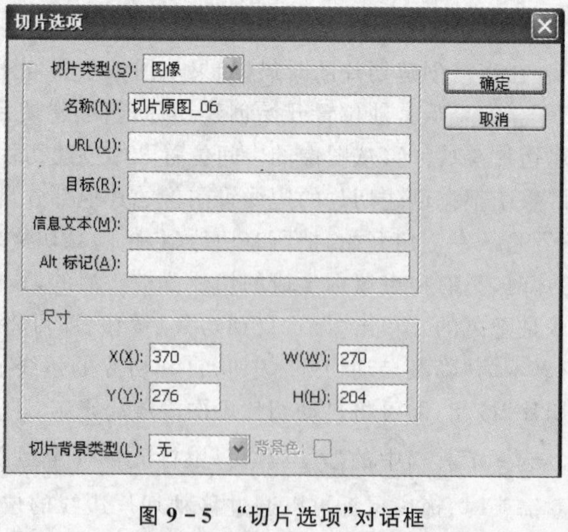

切片选项
切片类型(S): 图像
确定
取消
名称(N): 切片原图_06
URL(U):
目标(R):
信息文本(M):
Alt 标记(A):
尺寸
X(X): 370
W(W): 270
Y(Y): 276
H(H): 204
切片背景类型(L): 无
背景色:

图 9-5 “切片选项”对话框

(5)将切片的图像保存为网页。在 Photoshop 中,处理好的图像切片,最终的目的是要在网上发布,所以首先要把它们保存为网页的格式。将一幅图片的切片设置完成后,选择菜单栏中的“文件”|“存储为 Web 所用格式”的命令,即弹出“存储为 Web 所用格式”对话框,如图

9－6 所示。

图 9－6　"存储为 Web 所用格式"对话框

在"存储为 Web 所用格式"对话框左上方的标签行，有以下几个标签：

单击"原稿"标签：对话框中展示原始图像的效果。

单击"优化"标签：对话框中展示优化后的图像效果。

单击"双联"标签：对话框中间分为左右两个窗口，分别展示原始图像和优化后的图像效果。

单击"四联"标签：对话框中间分为上下左右四个窗口，分别展示原始图像和三种优化后的图像效果。

4. 链接切片

链接切片可以在切片间共享优化设置。将优化设置应用于链接切片时，组内所有切片都更新。例如如果选择的第一个切片是用户切片，则任何链接到第一个切片的自动切片都变为用户切片。

使用方法：使用工具选择要链接的两个或更多的切片，单击切片选项栏的"切片选项"按钮(　)，再输入 URL 地址即可。

第二节　动　　画

动画就是在一段时间里显示一系列图像或帧，其中每一帧比前一帧都有一些变化，在连续、快速地显示这些帧时就会产生动作的效果。而在 Photoshop 中制作动画就需要应用动画和图层调板功能，来制作、设置动画。

(一)制作动画

(1)打开动画调板，这时会发现动画调板中将打开的图像显示为新动画的第一帧。

(2)打开如图 9－7 所示图像素材,并打开动画调板,在图层调板上观察,“升翅膀”图层显示,“降翅膀”图层隐藏。

图 9－7　制作动画的图像素材

(3)在“动画”调板中,单击“复制到当前帧”按钮( ),并在“图层”调板中隐藏“升翅膀”图层,激活“降翅膀”图层,如图 9－8 所示。

图 9－8　复制并修改图层

(4)重复操作第二步,得到蝴蝶扇翅膀的动画,如图 9－9 所示。

图 9－9　添加动画帧

(5)为了播放流畅,在动画调板中可以调节延迟时间,首先在“动画”调板中选中全部帧,然后单击图像下的“选择延迟时间”按钮(0 秒▾),再单击“动画”调板底部的“播放”按钮(▷),最后动画效果如图 9－10 所示。

图 9－10　最后动画效果

(二)动画类型

动画基本分为逐帧动画和过渡动画。

1. 逐帧动画

在 Photoshop 中逐帧动画与图层密不可分,其原理就是利用在不同的时间显示不同图层中的内容。方法是在第一帧中将不需要显示的内容隐藏,得到第一帧的显示画面,然后在“动画”调板中单击“复制选中的帧”按钮,在第二帧显示相应的图层,如图 9－11 所示。

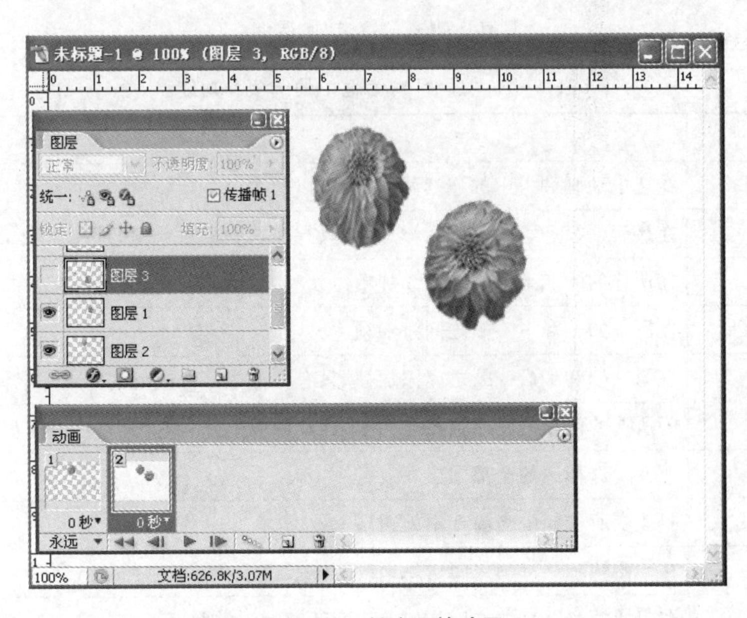

图 9－11　创建逐帧动画

使用相同的方法复制帧,并相应地显示图层的内容(图 9－12)。创建完成后单击“动画”

调板下方的“播放动画”按钮即可观看动画了。

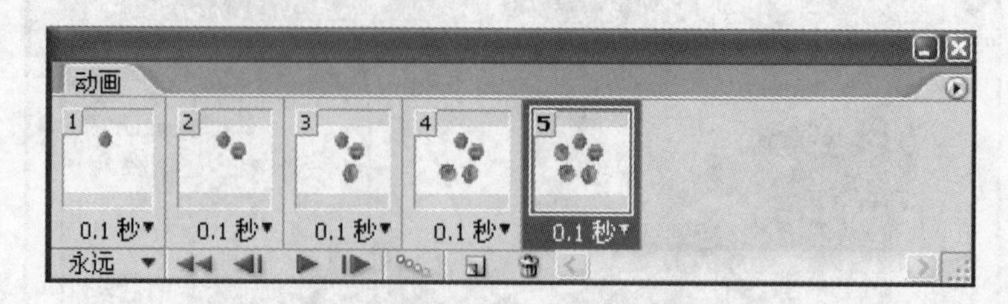

图 9－12　显示逐帧动画

2. 过渡动画

过渡动画是利用两帧之间所产生的形状、颜色、透明度和位置变化的动画。创建过渡动画时，根据不同的设置创建不同的动画类型。“过渡”对话框如图 9－13 所示，表 9－1 则显示了其中的选项及其功能。

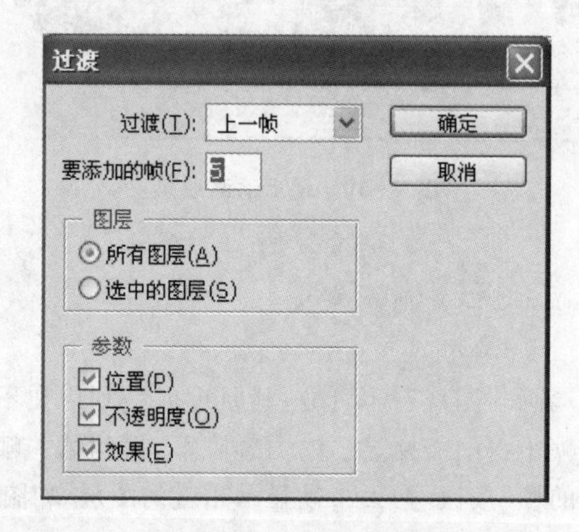

图 9－13　“过渡”对话框

表 9－1　“过渡”对话框中的选项和功能

选项		功能
过渡方法	选区	在选中动画调板中的连续两帧时，可以使用
	第一帧	在最后一帧和第一帧之间添加帧，只有在选中最后一帧的情况下才能使用
	上一帧	在所选的帧和上一帧之间添加帧
	下一帧	在所选的帧和下一帧之间添加帧
	最后一帧	在第一帧和最后一帧之间添加帧，只有在选中第一帧的情况下才能使用
要添加的帧		为所选的两帧之间添加相应的效果，其中数值越大，则过渡效果越精细
图层	所有图层	改变所选帧中的全部图层
	选中的图层	只改变所选帧中当前选中的图层
参数	位置	在起始帧和结束帧之间均匀地改变图层内容在新帧中的位置
	不透明度	在起始帧和结束帧之间均匀地改变新帧的不透明度
	效果	在起始帧和结束帧之间均匀地改变图层效果

注意：无论是选中一帧或是两个动画帧，均可以打开“过渡”对话框，但是在“动画”调板中至少要存在两个动画帧，否则“动画帧过渡”按钮( )不可用。

(三)动画的优化

动画制作完毕，需优化动画以便网络传输。因为 GIF 是唯一支持在 Web 上显示动画图像的格式，应该尽量以 GIF 格式优化动画。

从动画调板菜单中选取“优化动画”选项，就可以打开“优化动画”对话框。“优化动画”对话框中的选项功能如下：

(1)定界框：将每一帧裁切到相对于上一帧发生更改的区域，使用该选项创建的动画文件比较小。默认情况下选择该选项，并建议使用它。

(2)删除冗余像素：可使相对于上一帧没有发生改变的所有像素变为透明。默认情况下选择该选项，并建议使用它。

输出 GIF 动画，方法是选择具有优化设置的视图，选取“文件”|“存储 Web 所有格式”命令，并单击“存储”按钮，在出现“将优化结果存储为”对话框中输入文件保存位置[“保存类型”选项为“仅限图像(*.gif)”即可]。

第三节　优化输出

应用到网页上的图片不能太大，因此使用 Photoshop 制作出来的图像不能直接应用到网页上，还需要进一步地优化才能够发布。

在创建切片后，执行“文件”|“存储为 Web 和设备所用格式”命令(快捷键“Alt+Shift+Ctrl+S”)，打开“存储为 Web 和设备所用的格式”对话框，如图 9-14 所示，可以使用该对话框来选择优化选项以及预览优化的图稿。

图 9-14　“存储为 Web 和设备所用格式”对话框

在该对话框中,位于左侧的是预览图像窗口,包含如下四个选项卡:

原稿:激活该选项卡,可以显示没有优化的图像。

优化:激活该选项卡,可以显示应用了当前优化设置的图像。

双联:激活该选项卡,可以并排显示图像的两个版本。

四联:激活该选项卡,可以并排显示图像的四个版本。

位于右侧的是用于设置切片图像仿色的选项。通常,如果图像包含的颜色多于显示器能显示的颜色,那么,浏览器将会通过混合它能显示的颜色,来对它不能显示的颜色进行仿色或靠近。用户可以从"预设"下拉列表中选择仿色选项,在该下拉列表中包含 12 个预设的仿色格式,选择的参数值越高,优化后的图像质量就越高,能显示的颜色就越接近图像的原来颜色。

最后,单击"存储"按钮,在弹出的"将优化结果存储为"对话框中设置"保存类型"选项,单击"保存"按钮即可将图像保存。

下　篇

试题精选

1. 绘制宝剑

(1)使用钢笔工具勾出宝剑的轮廓。

(2)选择渐变工具填充手柄。

(3)填充剑刃勾出剑锋。

(效果图)

2. 绘制卡通人物

(1)用圆形选区工具画出脸部部分,填充渐变。

(2)画出头发部分,填充黑色,绘制阴影部分。

(3)以同样的方法画出眼镜,再画出手部。

(效果图)

3. 绘制俯视城市图

(原图)

(1)打开原图。

(2)改变图像大小为 800×800 像素,使用极坐标扭曲。

(3)用仿制工具处理交接处。

(效果图)

4. 制作图片的夜色效果

(原图)

(效果图)

(1)将素材图片暗化处理。

(2)用画笔颜色减淡方式喷涂,使局部亮起来。增强饱和度。

(3)利用滤镜中的艺术效果添加建筑灯和窗户灯,增加夜色效果。

5. 制作放大镜效果

(原图)

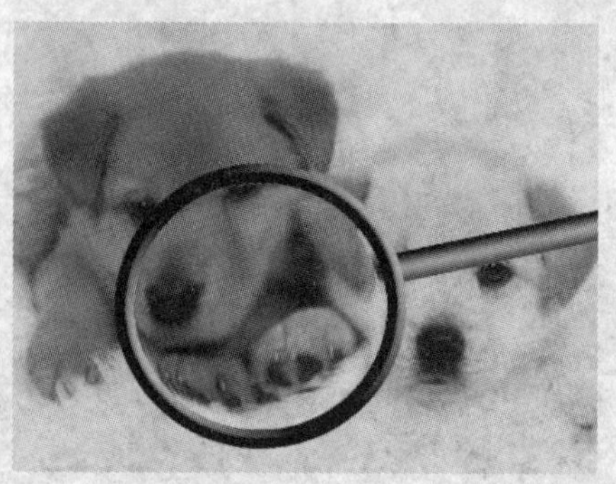

(效果图)

(1)用填充渐变选区制作放大镜手柄。

(2)利用椭圆渐变选区制作放大镜。

(3)在图片上绘出与放大镜一样大小的椭圆选区并对其作球面处理化。

6. 制作风雪效果

(原图)　　(效果图)

(1)打开素材图片,复制图层。

(2)用杂色、点状化和动态模糊滤镜处理,滤色混合图层。

(3)用画笔涂抹堆雪效果。

7. 绘制羽毛

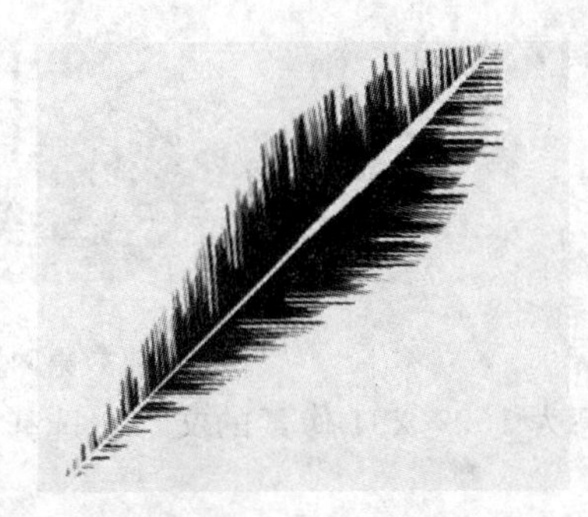

(1)新建宽高为 400×400 像素的文件。勾画图形。

(2)使用风滤镜处理,对称拼贴。

(3)涂画色彩(＃f6070a、＃2498fd、＃fdf900),并将图层叠加混合。

8. 绘制彩虹

(1)打开素材,定义透明彩虹。

(2)绘制彩虹渐变,调整彩虹由图像中部向左的弧度。

(3)设置图层混合方式和透明度等。

(原图)

(效果图)

9. 制作炭画效果

(效果图)

(1)新建宽高为150×284像素的文件。选择“粉笔”画笔,调整动态画笔的形状、散布、颜色等。

(2)绘制蓝色(#197feb、#18f665)的花朵和绿色(#83a990)的花梗和叶子。

(3)添加背景颜色(#f8f9eb)。

10. 制作天空草地效果

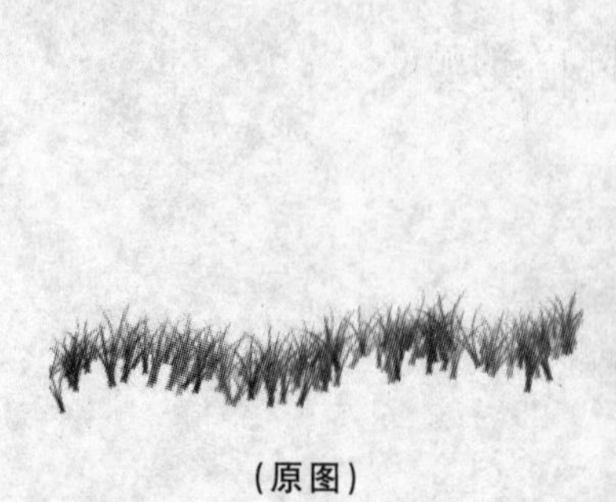
(原图)

(效果图)

(1)新建宽高为500×500像素的文件。选择“草”形画笔，调整动态画笔的形状、散布、颜色等。

(2)设置前景色(＃90e04f)和背景色(＃145d0e)，在底部绘画草地。

(3)涂抹添加蓝色(＃6 babf3)和白云。

11. 制作山地效果

(原图)

(效果图)

(1)新建宽高为500×500像素的文件。选择“透明条纹”渐变，设置黄色(＃fceaac)，制作太阳光线效果。

(2)在底部绘制绿色(＃51bf86、＃009c4b)的山地轮廓。

(3)绘制深褐色(＃77513d)近景松树和远景绿色松树。

12. 绘制蝶恋花图形

(原图)　　(效果图)

(1)使用路径勾画高宽为460×220像素、绿色(＃2fb427)的树枝图形。

(2)绘制11个、半径20～45大小不等的橙色(＃ee9d)花朵。

(3)添加紫色(＃666eb0)蝴蝶图案。

13. 制作光线效果

(1)建立三条光线图层。

(2)填充白色，作透明和模糊化处理。

(3)添加炫光源。

(原图)

(效果图)

14. 给灰度图像上色

(1)打开素材图像,转化为 RGB 模式。

(2)将屋顶调整为红褐色(#8b5b47),将树木调整为绿色(#55665c),将门窗调整为橘色(#ce302d),将天空调整为蓝色(#76849e)。

(3)调整图像色相和饱和度提高图像色彩品质。

(原图)

(效果图)

15. 将图像处理成暗蓝色调并加上边框

(1)打开素材图像,作裁剪、锐化处理。

(2)保持亮度,色彩调暗,中和高色调区域为蓝色(#00018d、#2069f3)。

(3)添加 12 像素的边框、阴影和文字“海景”。

(原图)

(效果图)

16. 制作浮雕效果

(1)对图案进行阴影处理。

(2)对图案进行斜面和浮雕处理。

(3)对图案进行叠加处理。

（原图）　　　　（效果图）

17. 绘制蝴蝶

(1)创建长宽为200×200像素的文件,绘制蝴蝶蝶身基本图形(宽高为25×105像素),填充橙色。

(2)绘制翅膀并填充颜色。

(3)添加头须。

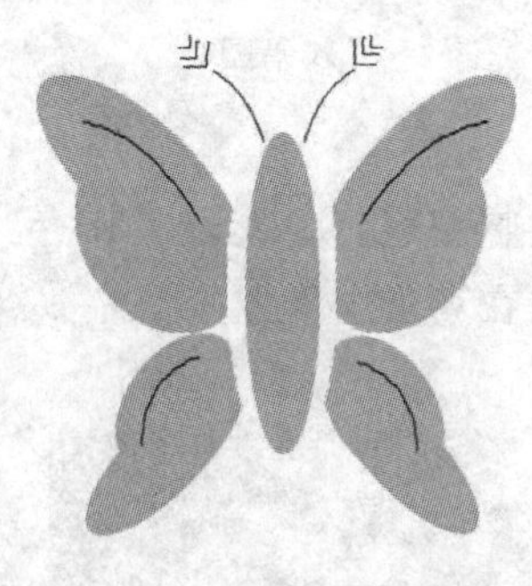

（效果图）

18. 绘制开心笑脸

(1)绘制直径为196的渐变色(#bdb400)图形。

(2)绘制眼睛、睫毛和嘴巴。

(3)添加两侧手掌形状。

（效果图）

19. 绘制立体按钮

(1)绘制圆角矩形,宽高为180×50像素。

(2)使用枕状的斜面和浮雕效果绘制立体按钮。

(3)添加文字“HELLO”。

（效果图）

20. 制作可可杯效果

(1)打开玻璃杯和谷物背景图片。

(2)将玻璃杯和谷物图片合成。

(3)调整图层不透明度。

(效果图)

21. 合成鸡蛋眼睛图像

(1)打开两幅素材图片,建立眼睛图层。

(2)将两幅图片合成,将眼睛放在鸡蛋中下方。

(3)调整图层混合模式。

(效果图)

22. 制作画框效果

(1)将花的图片载入椭圆形选区中。

(2)将画框添加图册样式效果。

(3)为画框做修饰。

(效果图)

23. 绘制复古电视机

(1)用钢笔工具勾勒电视机外形。

(2)为电视机添加渐变效果使其有立体感。

(3)给图片添加背景。

(效果图)

24. 制作火焰字效果

(1)新建宽高为 254×272 像素的文件。

(2)输入文字 ORB。

(3)用风、高斯模糊和波纹滤镜制作火焰。

(4)为文字着火焰色。

(效果图)

25. 绘制商场海报

(效果图)

(1)新建图层,添加纹理。

(2)输入文字,添加图层样式效果。

(3)为海报添加其他效果。

26. 制作折纸效果

(1)用矩形选框工具建立选区,用变形形状制作折纸效果。

(2)四等分分割矩形图块进行变换拼凑。

(3)添加阴影和木纹。

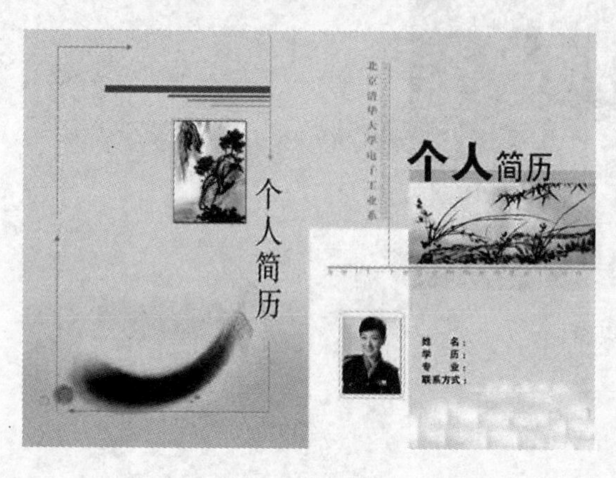

(原图)

(效果图)

27. 绘制头发梢

(1)打开素材,定义画笔。

(2)调整画笔的大小、压力和混合模式描绘头发。

(3)细化发梢虚化感。

(原图)

(效果图)

28. 增强图片饱和度

(1)打开素材。

(2)作照片滤镜处理。

(3)对皮毛区域色阶调整,增强饱和度。

(4)最后将全图进行柔光混合图层。

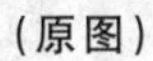

（原图）　　　　　　　　（效果图）

29．绘制迎春图

（1）绘制鞭炮，填充红色（＃e52a23）和金黄色（＃fff301）。

（2）排列鞭炮，并设置捻火线。

（3）添加“春”字和白色至黄色（＃feed01）的渐变雪花背景。

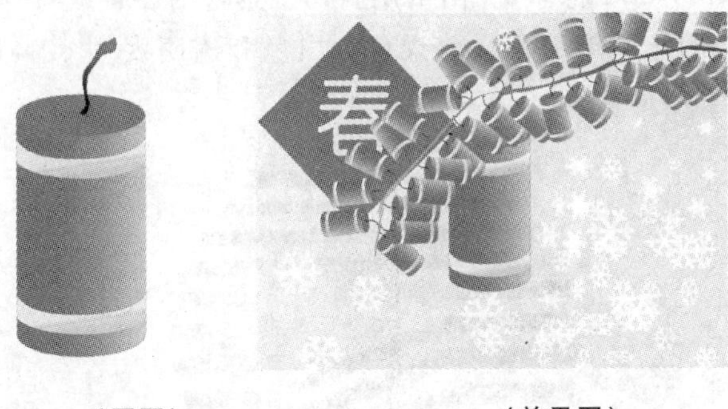

（原图）　　　　　　　　（效果图）

30．制作剪纸效果

（1）绘制直径约为85像素的基本图形。

（2）将图形复制、缩小和旋转，依次变换处理。

（3）指定造型为黑色。

（原图）　　　　　　　　（效果图）

31. 图片合成设计

(1)用图层蒙版将“人物”合成于“飞机”图像左侧。

(2)调整色调及不透明度。

(素材图)　　　　　　　　　　　　(效果图)

32. 绘制标志

(1)建立直径为 200 像素的圆形选区,用#0813a9 到#0b0da0的条形渐变填充。

(2)利用选区选择 77×112 像素的“门”,用斜切工具将门设置成打开状态。

(3)新建一层,用带羽化画笔工具在前景色为白色和透明度为 50%的情况下绘制由里向外的透光效果。

(效果图)

33. 绘制纸签

(1)建立宽高为 330×330 像素的矩形选区,背景填充#faf0b3,纸条颜色为#c9e5b2。

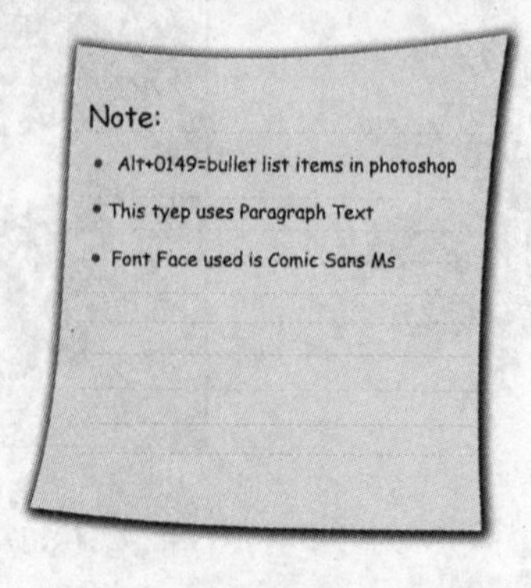

(效果图)

(2)用变形工具调整标签左下角和右上角的形状。

(3)增加矩形的投影效果,设置阴影效果如图所示。

(4)增加文字,字体为 Comic Sans MS。

34. 修补照片效果

(1)定义图像“绿化带”区域透视平面。

(2)复制图像“绿化带”区域,去除人物。

(3)保持图像原有物体透视关系。

(原图)

(效果图)

35. 绘制大红灯笼

(1)在红色(#fa0610)背景上绘制黄色(#fbf906)直线。建立宽高为 260×200 像素椭圆选区,作球形化滤镜处理。

(2)绘制灯笼手柄、顶部、底部飘带。

(3)添加“福”字(行楷)和背景光晕效果。

(效果图)

36. 制作文字绕图效果

(1)建立宽高为 450×350 像素的矩形路径和直径为 200 像素的圆形路径。

(2)置入图像,载入文字。

(3)关闭圆形路径。

(效果图)

37. 绘制南瓜图形

(1)绘制高宽为 240×105 像素的椭圆形,填充橙色(#d45413)。

(2)叠放形成南瓜。

(3)绘制果柄,填充褐色(#cc991c),图层样式作立体化处理。

(效果图)

38. 制作组合照片效果

(1)打开素材图,建立篮球选区。

(2)使用 50%灰度色,制作选区相框效果。

(3)调整明星的手臂形成两幅相关联的照片效果。

(原图)　　　　(效果图)

39. 制作撕纸效果

(1)剪切中心的红牡丹，将图像去色处理作为背景纸，挖空中间约 1/3 面积。

(2)建立“舌形”毛边渐变选区，复制 10 个围绕一周。

(3)制作红牡丹破纸而出的效果。

(原图)

(效果图)

40. 贴图处理

(1)将图像 2 放到图像 1 文件中。

(2)将左侧墙壁涂为红色，用图层蒙版对右侧墙壁进行贴图处理。

(3)调整图层位置和形状。

(图像 1)

(图像 2)

(效果图)

41. 照片滤镜

(原图)

(效果图)

(1)将素材图作照片滤镜处理。

(2)对皮毛区域色阶调整,增强饱和度。

(3)将五官区域进行柔光混合处理。

42. 制作爽肤水瓶子效果

(1)新建背景图层。

(2)用钢笔工具勾勒瓶子外形。

(3)用渐变工具给瓶子上色,加上文字。

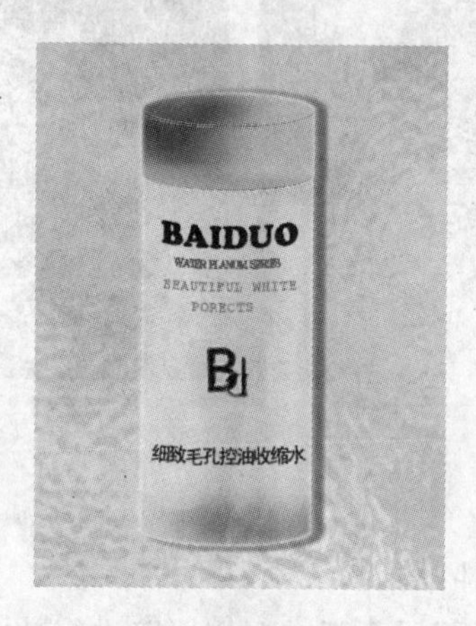

(效果图)

43. 制作丝绸效果

(1)新建黑色背景图层。

(2)利用光照滤镜打造丝绸效果。

(3)调整图像混合模式。

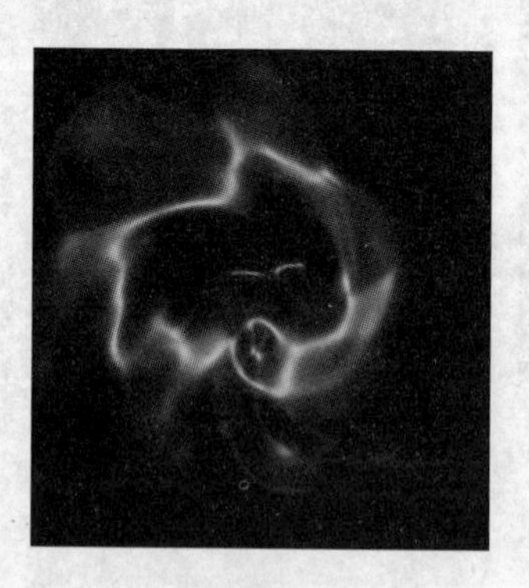

(效果图)

44. 制作温馨照片效果

(1)打开两幅素材图片。

(2)将照片图层放入背景图层内。

(3)用选区羽化效果装饰图片。

(原图)

(效果图)

45. 制作下雨效果

(1)打开素材图片。

(2)利用杂色和模糊滤镜制作出下雨效果。

(3)改变图层混合模式。

(原图)

(效果图)

46. 绘制天使翅膀

(1)建立黑色背景图层。

(2)使用扭曲滤镜制作出翅膀模型。

(效果图)

(3)调整图像的曲线和色相饱和度。

(4)为图层添加图层样式。

47. 绘制光盘

(1)新建背景图层。

(2)使用圆形选区制作出光盘模型。

(3)为图像添加文字及图案纹理。

(效果图)

48. 制作火环效果

(1)建立一个直径约为600像素的白色圆环。

(2)使用风滤镜涂抹处理。

(3)调整色相及火焰颜色。

(效果图)

49. 制作图像渐隐效果

(1)打开文件,合并两张图像。

(2)复制变换蝴蝶图像,作球面化处理。制作渐隐效果。

(3)同样方法再制作两个渐隐效果。

（原图）

（效果图）

50. 绘制星形

（1）制作边长为 66 像素的三角形连接图案。

（2）编辑三角形使之成为星形形状。

（3）添加（＃0cc6f7、＃0d0bf3）色彩。

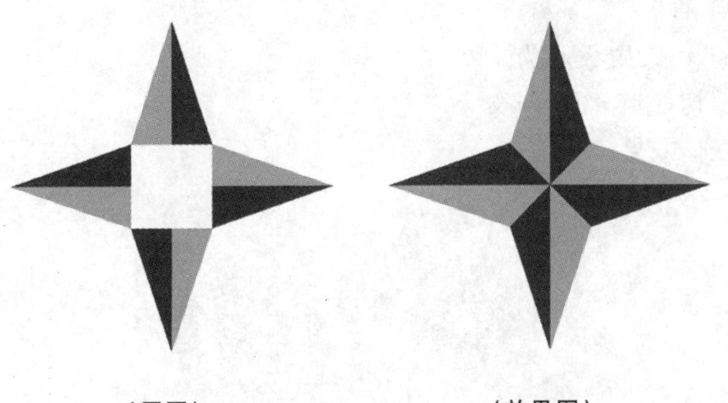
（原图）　　（效果图）

51. 将花朵调整得更加鲜艳

（1）调整图像增强对比。

（2）调整花朵的红色和黄色，提高色彩鲜艳程度。

（3）主题锐化，背景模糊处理。

（原图）

（效果图）

52. 绘制水雾字

(1)新建图层并填充为黑色,使白色和淡蓝色在中下部,喷涂水雾效果。

(2)对水雾进行立体化处理,与文字图层合并。

(3)改变图层混合模式。

(效果图)

53. 绘制图案浮雕字

(1)输入文字 swb,设置大小为 120。

(2)使用图层剪切,组合图案与文字。

(3)制作浮雕立体效果。

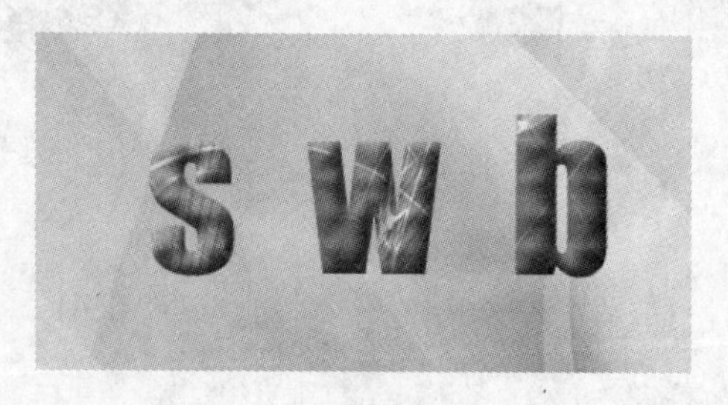

(效果图)

54. 制作闪电效果

(1)打开素材,调整图像。

(2)调整色阶,增强对比度。

(3)调整色相。

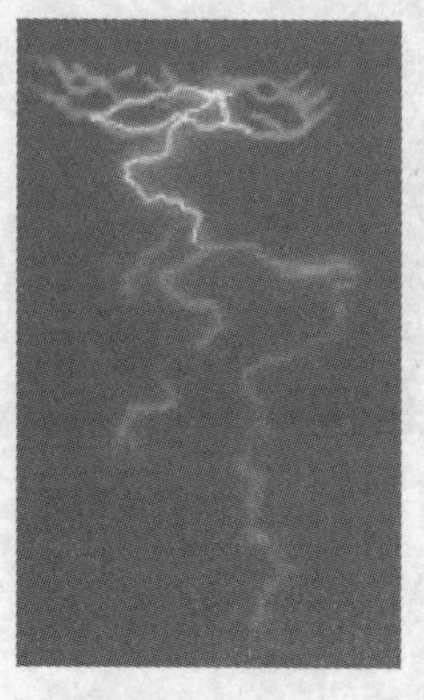

(原图)

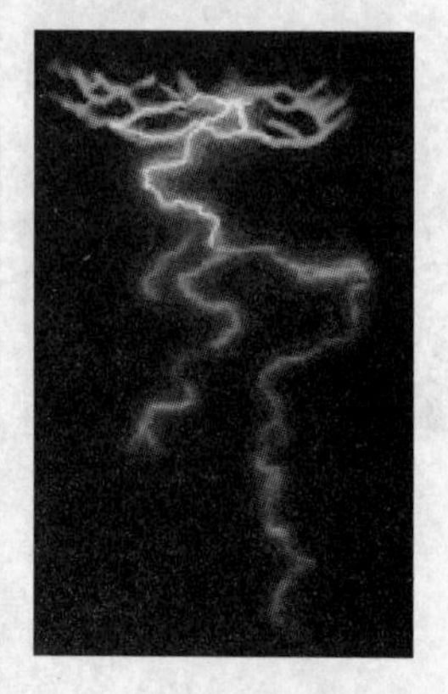

(效果图)

55. 制作水滴效果

（原图）

（效果图）

(1)打开素材。新建一图层，用白色画笔绘制水珠。

(2)右击新图层，单击混合选项。对水珠添加相应的投影、内阴影、内发光、外发光以及斜面和浮雕效果。

(3)调整图形即可。